纺织服装类"十四五"部委级规划教材

宋莹 闫琳 陈婷婷 编著

服装基础缝制工艺

（新形态教材）

东华大学 出版社 · 上海

图书在版编目（CIP）数据

服装基础缝制工艺／宋莹，闫琳，陈婷婷编著．-- 上海：东华大学出版社，2023.9
ISBN 978-7-5669-2267-0

Ⅰ．①服… Ⅱ．①宋… ②闫… ③陈… Ⅲ．①服装缝制 Ⅳ．① TS941.63

中国国家版本馆 CIP 数据核字 (2023) 第 178834 号

责任编辑：谭　英
封面设计：Marquis

服装基础缝制工艺（新形态教材）
Fuzhuang Jichu Fengzhi Gongyi

宋莹　闫琳　陈婷婷　编著

东华大学出版社出版

上海市延安西路 1882 号

邮政编码：200051　电话：（021）62193056

出版社网址　http://www.dhupress.dhu.edu.cn

天猫旗舰店　http://www.dhdx.tmall.com

苏州工业园区美柯乐制版印务有限责任公司印制

开本：889 mm×1194 mm 1/16　印张：6.25　字数：220 千字　视频：58 个

2023 年 10 月第 1 版　2023 年 10 月第 1 次印刷

ISBN 978-7-5669-2267-0

定价：49.00 元

目录

前言

　　服装基础工艺是将服装设计作品从平面变为立体的重要实践环节，是服装类专业学生的必修课程。

　　本书通过从服装缝制基础知识到服装整件缝制制作，对缝制工艺内容进行了详尽及全面的讲解，内容深入浅出，循序渐进，便于学生逐步掌握各类服装缝制技巧，直到完成整件服装的缝制制作。为了在教学过程中方便学生自学，本着简单易懂的原则，本书以分解步骤图来逐步完成制作全过程的形式进行讲解。本书采取了文字、图片与视频相结合方式，对服装缝制工艺的基础知识、设备、方法和技巧进行了详细介绍与操作示范，便于学生熟练掌握服装基础工艺的制作方法，为后期深入学习服装制作工艺打下良好基础。同时，在操作图片上通过电脑制作完成了增加辅助线条及文字说明，更加清晰地呈现出了每个部位的操作细节。

　　本书由辽东学院宋莹老师完成第一、二、三、四章的编写，江南影视艺术职业学院闫琳老师和北海艺术设计学院的陈婷婷教师共同完成第五章的编写。宋莹老师完成了全书的操作视频拍摄、操作步骤图的电脑制作等工作。本书是服装类专业院校师生、服装设计制作专业技术人员以及爱好者们重要的学习与参考书。

作者

YMH01191535

刮开涂层，微信扫码后
按提示操作

第一章 服装缝制基础知识

第一节 常用服装缝制工具及设备

在服装缝制的过程中，为使成品效果良好，会使用到各种各样的工具及设备，且每种工具及设备都有各自的用途。下面列出了常用的服装度量工具、标记工具、裁剪缝制工具、缝制设备及整型工具的名称、外观及用途。

一、度量工具

（1）三角尺：用于样板中垂直线条等的绘制。见图1-1中（1）。

（2）曲线尺：用于样板中弧线绘制，如袖窿弧线、领窝弧线等。 见图1-1中（2）。

（3）软尺：常用于人体测量以及服装成品测量等。见图1-1中（3）。

（4）推板尺：用于直线和平行线的绘制，常用于推板。见图1-1中（4）。

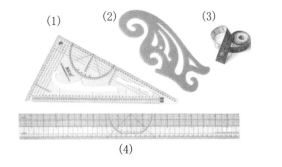

图1-1 度量工具

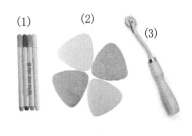

图1-2 标记工具

二、标记工具

（1）记号笔：用于对样板中需要标记的地方做记号以及线条等的绘制。见图1-2中（1）。

（2）画粉：常用于画净样线条，其色彩种类较多。见图1-2中（2）。

（3）滚轮：用于转移作图纸样或复印纸上拓印。见图1-2中（3）。

三、裁剪与缝制工具

（1）剪刀：常用服装裁剪工具，对面料等进行裁剪。见图1-3中（1）。

（2）纱剪：用于修剪线头等。见图1-3中（2）。

（3）大头针：用于别住面料整型或固定。见图1-3中（3）。

（4）针插：插大头针的工具。见图1-3中（4）。

（5）顶针：手工缝制的辅助工具，在缝制时顶住针尾以利于手工针顺利穿刺。见图1-3中（5）。

（6）手工针：手工缝制的基本工具。见图1-3中（6）。

（7）镊子：用于穿线以及串珠等。见图1-3中（7）。

（8）拆线器：用于缝线的拆除。见图1-3中（8）。

（9）锥子：用于边角部位整理或穿刺定位。见图1-3中（9）。

（10）裁剪台：进行面铺料裁剪的工作台。见图1-4。

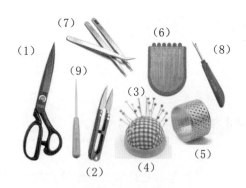

图 1-3 裁剪缝制工具 图 1-9 裁剪台

四、机缝缝制设备

（1）工业平缝机：服装工业生产中最普遍的缝制设备，用于各种面料的缝合。见图 1-5。

（2）包缝机：用于面料的边缘包缝。见图 1-6。

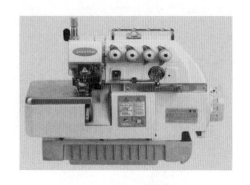

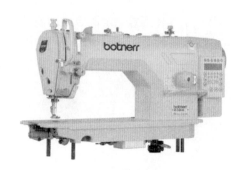

图 1-5 工业平缝机 图 1-6 包缝机

（3）家用缝纫机：家庭使用的缝纫机，其操作简单、转速适当。见图 1-7。

（4）锁眼机：用于服装锁扣眼。见图 1-8。

（5）钉扣机：用于钉纽扣。见图 1-9。

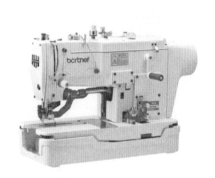

图 1-7 家用缝纫机 图 1-8 锁眼机 图 1-9 钉扣机

五、整型工具

（1）熨斗：熨烫用的主要工具，可分为普通电熨斗和蒸汽熨斗。见图 1-10。

（2）熨烫台：熨烫时使用的整理台。见图 1-11。

图 1-10 熨斗 　　　　　　　　　　图 1-11 熨烫台

（3）整烫馒头：熨烫时用它垫在服装的胸部或臀部等丰满部位，以使该部位烫后呈立体状。见图 1-12 中（1）。

（4）烫袖板：用于熨烫袖子、裤腿等狭窄部位。见图 1-12 中（2）。

（5）烫衣板：主要为家庭方便烫台。见图 1-12 中（3）。

（6）人台：用于服装立体裁剪或制作过程中整型。见图 1-13。

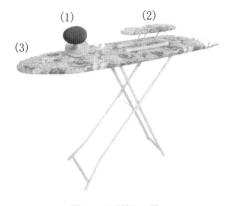

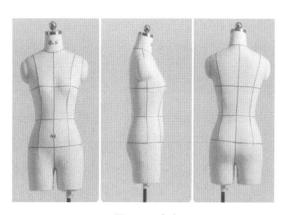

图 1-12 熨烫工具 　　　　　　　　　　图 1-13 人台

第二节　常用服装面料及辅料

一、服装面料

（一）天然纤维织物

（1）棉织物。棉织物具有吸湿透气、穿着舒适、风格朴素的特点，但一般易起皱，弹性较差，不耐磨，易生霉。通过棉纤维与各种化学纤维混纺，可以提高织物的防皱性，改善织物弹性。棉织物根据组织特点可分为棉平纹织物、棉斜纹织物、棉缎纹织物，还可有色织、印花之分等。见图 1-14。

图 1-14 棉织物　　　　　　图 1-15 麻织物　　　　　　图 1-16 丝织物

（2）麻织物：麻织物具有吸湿散湿快、透气散热性好、断裂强度高、断裂伸长小等特点。主要分为苎麻织物、大麻织物、罗布麻织物及亚麻织物等，具有天然及回归自然的风格。见图 1-15。

（3）丝织物：主要指利用天然蚕丝织成的各种织物，其品种及规格变化丰富，如绸、缎、纺、纱、绢、锦、绫、罗等。丝织物富有光泽，具有独特的丝鸣感，手感爽滑，穿着舒适，高雅华丽，属于纺织品中的高档面料。见图 1-16。

（4）毛织物：毛织物是纺织品中的高档产品。羊毛具有独特的纤维结构，因此毛织物光泽自然，颜色雅致，手感舒适，品种丰富，保暖性、吸湿性、耐污性、弹性、恢复性等优良。可分为精纺、粗纺和长毛绒织物。见图 1-17。

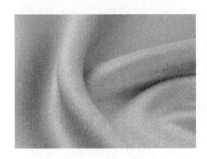

图 1-17 毛织物　　　　　　图 1-18 再生纤维　　　　　图 1-19 合成纤维

（二）化学纤维织物

化学纤维是指用天然的或合成的聚合物为原料，经过化学方法和机械加工制成的纤维。根据原料的不同，化学纤维可分为再生纤维和合成纤维两大类。

（1）再生纤维，也叫人造纤维。采用天然聚合物或是没有纺织加工价值的天然纤维原料，经人工溶解再抽丝制成的纤维。其性能与天然纤维非常近似，透气性能良好，吸湿，穿着舒适，但缺少天然纤维的挺括感，回弹性差，易起皱、易缩水，如人造棉、人造丝等。见图 1-18。

（2）合成纤维。用煤、天然气、石油等制成的低分子化合物为原料，经人工合成和机械加工制成的纤维。常见的有涤纶、腈纶、锦纶、氯纶等。合成纤维质地坚韧、抗皱，但透气性和吸湿性差。见图 1-19。

二、服装辅料

（一）服装里料

服装里料，俗称里子、夹里，是用来部分或全部覆盖服装面料或衬料的材料，一般用于中高档服装、有填充的服装和需要加强面料支撑的服装。服装的面料不同、档次不同、风格不同，其选用的里料也不同。里料可使服装提高档次并获得好的保型性，使服装穿着舒适、穿脱方便，并且能够保护服装面料，减少面料与内衣之间的摩擦，增加服装的保暖性。里料也分天然纤维、合成纤维、混纺交织等面料。在选用里料时要注意其服用性能、颜色、成本等与服装面料款式相匹配。见图 1-20。

图 1-20 服装里料

图 1-21 黏合衬

图 1-22 无纺布衬

（二）服装衬料

服装衬料是指在服装某一部位（衣领、袖口、袋口、裤腰、胸部、肩部等）所加贴的材料，是服装的骨骼，起着支撑、拉紧定型的功能。选用衬料时，必须要配合服装品种、工艺流程、面料特性和穿用习惯来选择。服装衬料的品种，按材质分主要有棉衬、麻衬、毛衬等，按后整理方式主要有黏合衬、树脂衬等。下面就服装生产中常用的代表性衬料品种进行简要介绍。

1. 黏合衬

黏合衬是在织物底布上涂热熔胶，使用时将黏合衬裁成需要的形状，然后将其涂有热熔胶的一面与面料反面相叠合，以热熔合机或熨斗加热，通过一定的温度、压力、时间完成黏合衬与面料的黏合。其具有"以黏代缝"的基本特点，大大提高服装的加工效率。经黏合的面料具有良好的保型性、挺括性、悬垂性、抗皱性、稳定性，使得服装美观、舒适、平整、稳固，并增加了穿着牢度。目前它是服装生产中使用的主要衬料。黏合衬按底布类型还可分为机织、针织、无纺布衬。见图 1-21。

无纺布（非织造布）衬是采用非织造布为基布，通过黏合涂层或树脂整理等特殊加工工艺处理而成的衬布。除具有一般衬布的性能外，还具有透气性、保型性、回弹性及保暖性良好，重量轻，洗涤后不回缩，切口不散脱，价格低廉等优点，多用于一般服装如夹克衫、女套衫等，不适用于特别强调硬挺性的服装和特别需要加固部位。见图 1-22。

2. 树脂衬

树脂衬是以纯棉、涤棉混纺、麻和化纤等薄型织物为主，经过树脂胶浸渍处理加工而制成的衬布，其稳定性、硬挺性、弹性均较好，成本低，多用于男 / 女衬衫的领、袖口、门襟以及作为领带衬、腰衬、西服牵条衬等，起到挺括、补强的作用，见图 1-23。

3. 毛衬

毛衬主要用于西服、大衣等外衣前身、肩部、袖窿等部位。它是一种传统衬布，以细支棉或混纺纱与动物毛混纺或交织加工而成，包括有黑炭衬、马尾衬等。毛衬质感较粗涩，硬挺性好，弹性突出，能

图 1-23 树脂衬

图 1-24 毛衬

使服装加毛衬部位挺括，提升服装丰满感和穿着舒适感。见图
1-24。

（三）缝纫线

缝纫线的种类很多，可根据面料的材质、色彩以及满足服装
不同部位和不同制作工艺的需求来选用。在选择缝纫线时，要与
服装款式、厚度、材质相匹配，要充分考虑服装的实际用途、穿
着环境和保养方式。见图 1-25。一般按材质分，缝纫线可分为
天然纤维缝纫线、化学纤维缝纫线、混纺缝纫线三大类。

图 1-25 缝纫线

1. 天然纤维缝纫线

包括棉缝纫线、丝缝纫线等。棉缝纫线强度、尺寸稳定性好，耐热性优良，但弹性和耐磨性较差，
适用于中高档棉制品等。丝缝纫线光泽好，手感柔软，耐热性好，强度、弹性都优于棉缝纫线，多用于
高档服装和丝绸服装，但价格高，易磨损，目前已逐渐被涤纶长丝缝纫线替代。

2. 化纤缝纫线

包括涤纶缝纫线、锦纶缝纫线等。涤纶缝纫线具有强度高，耐磨性好，缩水率低，吸湿性及耐热性、
耐腐蚀性好，色泽齐全，色牢度好，不褪色，不变色，价格低廉，适用性广等优点，在缝纫线中占主导地位。
锦纶缝纫线耐磨性好，强度高，色泽亮，弹性好，耐热性稍差，通常用于较结实的织物，不用于高速缝
纫和需高温整烫的织物。

3. 混纺缝纫线

以涤棉混纺缝纫线和包芯缝纫线为主，是当前规格较多、适用范围较广的一类缝纫线。涤棉混纺缝
纫线是用 65% 的涤纶短纤维与 35% 的优质棉混纺而成，其强度、耐磨性、耐热性都较好，线质柔软有弹性，
适用于各类织物的缝制与包缝。包芯缝纫线是合成纤维长丝（多是涤纶）作为芯线，以天然纤维（通常是棉）
作包覆纱纺制而成，其弹力高、线品质好，兼具棉与涤的双重特性，适用于高档服装及厚型织物的高速缝纫。

另外，还有常用的装饰缝纫线，多用于服装上强调造型和线条，有多种材质。如真丝装饰缝纫线色
彩艳丽、色泽优雅柔和；人造丝装饰缝纫线由黏胶纤维制成，其色泽及手感均不错，但强力上稍逊真丝
装饰缝纫线；金银装饰缝纫线的装饰效果强，多用于中式服装及时装的明线和局部图案装饰。

（四）其他辅料

服装上的其他辅料包括垫料、填料、紧扣材料以及装饰材料等，这些辅料对服装的功能性和美观性
起到不可替代的作用。在选用这些辅料时，应根据服装的款式与色彩、面料性能、适用场合、适用人群
等因素综合考虑。

1. 垫料

垫料指为满足服装特定的造型和修饰人体的目的，对待定部位按照设计要求进行加高、加厚或平整，
或用以起隔离、加固等修饰作用，使服装达到合体、挺拔、美观效果，并可以弥补体型缺陷。如肩垫、胸垫、
领垫、袖顶棉等。见图 1-26。

图 1-26 肩垫

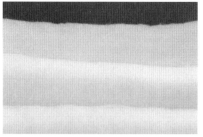

图 1-27 丝绵

图 1-28 棉絮

2. 填料

填料指在服装面料与里料之间的填充材料，如棉絮、丝绵、羽绒、塑料、太空棉等，可以增加服装的保暖性和保型性。此外，它还可以赋予服装一些特殊功能，如作为衬里增加绣花或绢花的立体感。见图 1-27、图 1-28。

3. 紧扣材料

紧扣材料如纽扣、拉链、尼龙搭扣、魔术贴等，在服装中起到封闭、扣紧、连接、装饰作用，具有重要的实用功能和装饰功能。见图 1-29、图 1-30。

此外，还有装饰材料如花边、绳带类、烫钻等，包装材料如吊牌、防潮袋等。见图 1-31。

图 1-29 拉链

图 1-30 纽扣

图 1-31 花边

第三节　常用服装工艺术语及缝制符号

服装工艺术语是在长期的服装制作过程中流传下来的特定的术语，是经过约定俗成形成的规范性语言。在服装生产中，使用标准的服装术语有利于沟通、交流、传承、管理和发展。以下为部分摘录 GB/T15557—2008 中有关服装制图及缝制工艺的术语及符号。

一、常用服装制图及缝制符号

见表 1-1。

表 1-1 常用服装制图及缝制符号

序号	名称	符号	含义
1	粗实线	——————	服装及零部件轮廓线
2	细实线	——————	图样结构的基本线、尺寸线、尺寸界线或引出线
3	虚线	- - - - - -	裁片重叠时的轮廓影示线、缝纫明线
4	点画线	—·—·—·—	对折折叠线
5	双点画线	—··—··—	折转线，表示某部分需要转折的线
6	等分线	⌒⌒	表示将某部分等分
7	直角	⌐ ⌐ ⌐	表示相交的两条直线呈直角
8	拼合	▭ ▭	表示在裁片中两个部分拼合在一起
9	缩缝	∿∿∿	用于布料缝合时收缩
10	省道	◇ ▷	表示省道的位置
11	归拢	⌒⌒	表示需要熨烫归缩的部位
12	拔开	⋀⋀	表示需要熨烫拉伸的部位
13	拉链	⊬⊬⊬⊬	表示装拉链的位置
14	花边	⌒⌒⌒	表示装有花边的位置
15	经向	←——→	表示布料直丝缕方向
16	褶裥	◿◿◿ ▱	表示褶裥
17	等量	▢ ○ ☆	表示大小或长度相等
18	等长	✗ ⟩	表示两线段长度相等
19	毛向	——→	表示绒毛或图案的顺向
20	扣眼位	⊢—⊣	表示锁扣眼的位置
21	扣位	⊕	表示钉纽扣的位置

二、常用服装术语

（一）常用服装概念术语

（1）验色差：检查面 / 辅料色泽级差，按色泽级差归类。

（2）查疵点：检查面 / 辅料疵点。

（3）画样：用样板或漏画板按不同规格在面料上画出衣片裁剪线条。

（4）排料：裁剪前的准备工作。将服装样板在服装面料上按省料、合理的原则进行套排。

（5）铺料：按照排料的要求（如长度、层数等），把布料平铺在裁床上。

（6）钻眼：亦称为扎眼，用电钻在裁片上做出缝制标记。

（7）配零料：配齐一件衣服的零部件材料。

（8）验片：检查裁片质量。

（9）换片：调换不符合质量要求的裁片。

（10）分片：将裁片分开整理，即按序号配齐或按部件的种类配齐。

（11）缝合、合、缉：均指用缝纫机缝合两层及以上的裁片，俗称缉缝或缉线。在使用中为了方便，一般"缝合"或"合"（缝合的缩略词）指暗缝，即在成品正面无线迹；"缉"指明缝，即在成品正面有整齐的线迹。

（12）缝份：俗称缝头，指两层裁片缝合后净缝线外的余留部份。

（13）缝口：两层裁片缝合后正面所呈现出的缝合痕迹。

（14）绱：亦称装，指将部件安装到主件上的缝合过程，如绱（装）领、绱袖、绱腰头；安装辅件也称为绱或装，如绱拉链、绱松紧带等。

（15）打刀口：亦称打剪口、打眼刀、剪切口，"打"即剪的意思。如在绱袖、绱领等工艺中，为使袖、领与衣片吻合准确，在规定的裁片边缘剪 0.3cm 深的小三角缺口作为定位标记。

（16）包缝：亦称锁边、拷边、码边，指用包缝线迹将裁片毛边包光，使织物纱线不易脱散。

（17）针迹：指缝针刺穿缝料时在缝料上形成的针眼痕迹。

（18）线迹：指缝制物上两个相邻针眼之间的缝线形式。

（19）缝型：指缝纫机缝合衣片的方法。

（20）缝迹密度：指在规定单位长度内的线迹数，也称针距密度。一般规定单位长度为 2cm 或 3cm。

（二）常用服装缝制术语

（1）烫面料：熨烫面料上的褶皱，使之平整。

（2）绱袖衩：将袖衩边与袖口贴边缲牢固定。

（3）打线钉：用白棉纱在裁片上做出缝制标记，一般用于毛呢服装上的缝制标志。

（4）修片：按标准样板修剪毛坯裁片。

（5）环缝：将毛呢服装剪开的省缝用环形针法绕缝，以防纱线脱散。

（6）烫衬：熨烫衬料，使之与面料相吻合。

（7）缉衬：机缉前衣身衬布。

（8）敷胸：在前衣片上敷胸衬，使衣片与衬布贴合一致，且衣片布纹处于平衡状态。

（9）纳驳头：亦称扎驳头，用手工或机器扎驳头。

（10）归拔前衣片：亦称为推门，将平面前衣片推烫成立体形态的衣片。

（11）绱领：将领缝装在领窝处。

（12）分烫领串口：将领串口缝份分开熨烫。

（13）敷牵条：将牵条布敷在止口或驳口部位。

（14）缉袋嵌线：将口袋嵌线料缉在开袋位置两侧。

（15）开袋口：将已缉袋嵌线的袋口中间部分剪开。

（16）封袋口：袋口两端用机缉倒回针封口，也可用套结机进行封结。

（17）敷挂面：将挂面敷在前衣片止口部位。

（18）合止口：将衣片和挂面在门里襟止口处机缉缝合。

（19）扳止口：也叫缲止口。将止口毛边与前身衬布用斜针扳牢。

（20）合背缝：将背缝机缉缝合。

（21）扣烫底边：将底边折光或折转熨烫。

（22）装垫肩：将垫肩装在袖窿肩头部位。

（23）定眼位：按衣服长度和造型要求画准扣眼位置。

（24）锁扣眼：将扣眼毛边用粗丝线锁光。一般有机器锁眼和手工锁眼。

（25）翻小袢（襻）：将小袢的面、里布缝合后翻出正面。

（26）缲袖窿：先将袖窿里布固定在袖窿上，再将袖子里布固定在袖窿里布上。

（27）镶边：按一定宽度和形状将镶边料缝合安装在衣片边缘上。

（28）缉明线：机缉或手工缉缝于服装表面的线迹。

（29）绱拉链：将拉链装在门里襟或侧缝等部位。

（30）绱袖衩条：将袖衩条装在袖片衩位上。

（31）封袖衩：在袖衩上端的里侧机缉封牢。

（32）绱腰头：将腰头安装在裤片腰口处。

（33）绱串带：将串带装缝在腰头上。

（34）封小裆：将小裆开口机缉或手工封口，增加前门襟开口的牢度。

（35）抽碎褶：粗缝后用缝线抽缩成不规则的细褶。

（36）手针工艺：应用手针缝合衣料的各种工艺形式。

（37）吃势：亦称层势。"吃"指缝合时使衣片缩短，吃势指缩短的程度。吃势分为两种：一是两衣片原来长度一致，但缝合时由于操作不当而造成一片长、一片短（即短片有吃势），这是应避免的缝纫弊病。二是对两片长短略有差异的衣片，有意地将长衣片某个部位缩进一定尺寸，从而达到预期的造型效果。例如，圆装袖的袖山有吃势，可使袖山顶部丰满圆润；部件面的角端有吃势，可使部件面的止口外吐而使得从正面看不到里料，还可使表面形成自然的窝势，不反翘，如袋盖圆角、领面领角等处。

（38）里外匀：亦称里外容，指由于部件或部位的外层松、里层紧而形成的窝伏形态。其缝制加工的过程称为里外匀工艺，如勾缝袋盖、驳头、领等，都需要采用里外匀工艺。

（39）修剪止口：指将缝合后的止口缝份修剪窄，有修双边和修单边两种方法。其中修单边亦可称为修阶梯状，即两缝份宽窄不一致，一般宽的为 0.7cm、窄的为 0.4cm，质地疏松面料的缝份可再增加 0.2cm 左右。

（40）归：归拢之意，指将长度缩短的工艺，一般有归缝和归烫两种方法。裁片被烫的部位，靠近边缘处出现弧形绺，被称为余势。

（41）拔：拔长、拔开之意，指使平面拉长或拉宽。例如，后背肩胛处的拔长、裤子的拔裆、臀部的拔宽等，都可以采用拔烫的方法。

（42）推：为归或拔的继续，指将裁片归的余势、拔的回势推向人体相对应凸起或凹进的位置。

（43）起壳：指面料与衬料不贴合，出现剥离、起泡现象，即里外层不相合。

（44）极光：熨烫时裁片或成衣下面的垫布太硬或无垫布盖烫而产生的亮光。

（45）止口反吐：指将两层裁片缝合并翻出后，里层止口超出面层止口。

（46）起吊：指使衣缝皱缩、上提或成品上衣面、里不相吻合，里子偏短引起的衣面上吊、不平。

（47）胖势：亦称凸势，指服装应凸出的部位胖出，呈圆润、饱满。如上衣的胸部、裤子的臀部等，都需要有适当的胖势。

（48）胁势：亦称吸势、凹势，指服装应凹进的部位吸进。如西装上衣腰围处、裤子后裆以下的大腿根部位等，都需要有适当的胁势。

（49）翘势：主要指小肩外端略向上翘。

（50）窝势：多指部件或部位由于采用里外匀工艺，呈现正面略凸、反面略凹进的形态。与之相反的形态称反翘，它是缝制工艺中出现的弊病。

（51）水花印：指盖水布熨烫不匀或喷水不匀而出现水渍。

（52）定型：指使裁片或成衣形态具有一定的稳定性的工艺过程。

第四节　服装材料检验与整理及排料基础知识

一、面/里料检验与整理基础知识

在服装裁剪与排料前，首先要进行面/里料的检查与整理，以确保是否正确。对于普通面料，主要检查其颜色、花型、质地，注意是否有色差，是否对条、对格、对花，是否有明显疵点等；对于里料，主要检查颜色、质地，是否有褶皱等明显疵点等。材料的色差、疵点、纬斜，可以通过目测检验发现并在裁剪中避开，而材料的缩水率、耐热度和色牢度则需实验来完成检验。缩水率可通过自然缩率、干烫缩率、喷水缩率和水浸缩率来计算；色牢度可通过摩擦、熨烫、水洗来测试；而耐热度则通过熨烫来测试。

二、服装排料基础知识

（一）排料的概念及意义

1. 排料的概念

排料指将服装样板在面料上按省料、合理的原则进行套排。它是裁剪前的准备工作。

2. 排料的意义

选择最优的排料方式，能够最大限度地减少服装面料在裁剪过程中的消耗以及决定裁剪的难易程度，对降低服装工业化生产的成本起着很大的作用。

（二）排料的要求

排料的方法有很多，现在一般有手工排料、计算机CAD辅助系统排料及漏花样（用涤纶片制成的排料图）粉刷工艺画样排料。在排料前，先要对服装的设计要求、制作工艺、材料性能等有详细的了解，以决定排料的方法。具体排料要求如下：

1. 面料的正反

大部分服装面料有正反之分，可根据设计图的不同，采用面料正面或反面作为服装的表面；同时，服装的许多衣片都具有对称性，因此要注意保证排料时裁片正反的一致性和对称性。

2.面料的方向

面料具有方向性，主要表现在以下三个方面：

（1）面料的经、纬方向。平行于布边的长度方向为经向（直丝），垂直于布边的长度方向为纬向（横丝），与经纬向成45°的方向为斜向（斜丝）。面料的经向与纬向的张力是不同的，一般经向张力小于纬向张力。经向的抗拉伸强度大，不易伸长变形；纬向有较大的伸缩性，富有弹性，易弯曲延伸；斜向具有伸缩性大、富有弹性、易弯曲延展等特性。在服装制作中应根据相应的要求注意用料的纱向，在样板上需要明确画出经纱的方向，以使排料时与面料的经纱方向一致。

一般情况下，经向用在服装的长度方向如衣长、裤长、袖长，需要承受较大拉伸强度的带状部件如腰带、吊带等，需要较好形态稳定性的部位如袋口的贴边、挖袋的嵌条等；纬向用在具有一定柔软性的部位如翻领、袋盖等；斜向用在具有较好悬垂性的部位如裙片等，具有拉伸变形性的部位如镶边、包边、滚边等。

（2）面料的绒毛倒向。有的面料表面有绒毛，其绒毛长度、倒伏方向以及款式要求都对排料具有重要影响。对于绒毛较长且倒伏较重的人造毛皮、大衣呢等，适宜采取顺毛排料，以防止漏底和积灰；对于绒毛较短的灯芯绒宜采用倒毛排料，以使服装毛色和顺；对于一些绒毛倒向不明显、设计上没有明确要求的服装，可以采用一顺一倒组合排料的方式，以节约面料，但在同一件服装上其裁片倒顺方向应该一致。

（3）面料的图案方向。面料表面的花型图案有的没有规则、没有方向性，这类面料的排料基本上跟素色面料排料方式相同。但有的面料表面的花型图案具有方向性或规律性，在排料时要根据设计图以及花型的特点进行排料。如有山水、花鸟等倒顺图案的面料，必须保持图案的方向与人体直立的方向一致，不能倒顺排料。

3.面料的对条对格

凡是面料表面有明显条格且格的宽度在1cm以上的面料，均需要对条对格排料。具体要求如下：

（1）对条对格的部位：

①上衣对条对格。左右门里襟、前后衣片侧缝与肩缝、袖与衣片、后衣片背缝对横格，左右领角和衬衫左右袖口条格应对称，后领面与后中缝对准，驳领的挂面两片条格对称，大小袖片对准横格，同件衣袖左右条格对称；大小袋与衣身对格（斜格除外），左右袋条格对称，左右袋口嵌条条格对称。

②裤子对条对格。裤子对格部位有侧缝、下裆缝（中裆以上）、前后上裆缝、左右腰面条格、两后袋、两前斜插袋与大身对格，且左右对称。

（2）对条对格的方法有两种：

①对格铺料，将要对条格的部件放置在同一纬度上，将对条对格的部位画准。

②裁下对格的其中一片，另一片采用放格的方式裁下毛坯，然后再校准条格进行精确裁剪。此方式较为费料，故一般高档服装采用此方式。

4.面料的对花

对花指有花型图案的面料经过加工成为服装后，其明显的主要部位组合处的花型仍要保持完整。对花花型一般都是丝织品上较大的团花，如龙、凤以及福、禄、寿字等图案。这类产品在排料时必须规划好花型的组合在门襟、背缝、领、袖中缝等需要对花的部位，并计算好排料方式。具体要求如下：

（1）先主后次。主要花型图案不得颠倒残缺，以文字为先，顺向排列。花纹中有方向性的，一律顺向排列。花纹中无明显倒顺的，允许两件一倒一顺套排，但同一件服装不能有倒有顺。

（2）前身左右两衣片在胸部位置的团花、排花要求对准。

（3）两袖的排花、团花要对称，前身除胸部外的团花、排花、散花可以不对。

（4）团花和散花只对横排不对直排。

（5）对花允许误差，排花高低误差不大于 2cm，团花拼接误差不大于 0.5cm。

5. 面料的节约

在服装成本中，面料的使用占据非常重要的一个环节。在排料过程中，要遵循在保证设计的完整性和工艺制作的可行性基础上，尽量减少面料用量的原则，通过反复排列找出用量最省的排料方式。一般排料的顺序如下：

（1）先主后次，先大后小，大小套排。先排主要的、大型的部件，要根据不同部位的凹凸缺口进行拼合，套排小部件。

（2）有的零部件裁片可在国标允许范围内进行拼接，以达到合理排料的目的。

第二章 缝制及熨烫基础工艺

第一节 手缝基础工艺

一、手缝工具的选用

手缝工艺就是用手针穿刺衣片进行缝纫的过程。

（一）手缝工艺的准备工作

（1）穿针引线。针上有一椭圆形针眼。用手指将线捻细，右手拇指和食指捏针，左手拇指和食指拿线且使线头伸出 1cm，然后将其穿入针眼中，线头过针眼后随即拉出。

（2）拿针方法。戴上顶针，右手拇指和食指捏住针中后段，用顶针抵住针尾，帮助手缝针向前运行。

（3）打起针结。右手拿针，左手捏住线头，将线在食指上绕一圈，顺势将线头转入线圈内并拉紧线圈。

（4）打止针结。缝到最后一针时，左手捏住线，离止针 2～3cm 处，用右手将针套进缝针的圈内，左手勾住线圈，右手将线拉紧成结，使线结正好紧扣布面上。

（二）手缝针选用

在服装缝制过程中，手缝针缝制与机器机缝是相互配合使用的。常根据加工工艺和缝制材料的不同来选用不同型号的手缝针。见表 2-1。

表 2-1 手缝针号型与缝纫项目配合表

号型	长度（cm）	粗细（cm）	用途
4	3.35	0.08	钉纽
5	3.2	0.08	锁，钉
6	3.05	0.071	锁，滴
7	2.9	0.061	滴
8	2.7	0.061	缲，绷
9	2.5	0.056	缲，绷

注：表中"滴"一般指用本色线固定的暗针，只缲一二针。

二、手缝基础工艺

服装的不同部位采用不同的手工缝制方法。主要手工缝迹类型如下。

（一）拱针

拱针也叫缝针，是将两片面料缝合固定的基本手缝工艺方法。拱针是一切手缝针法的基础，可分为短针和长针。见图 2-1。

（1）用途：短针可用于袖山头吃势（抽袖包）、圆角处抽缩缝份；长针可用于假缝及车缝前的固位。

（2）操作：右手捏住针的同时用无名指与小指夹住布料，左手拇指放在布上面，食指、中指、无名指放在布下面，将两层布夹住、绷紧，右手拇指、食指起针，根据线迹要求一上一下地向前移动，同时左手向后退移，在连续五六针后，将针顶足并拔出；如此循环。

（3）工艺要求：针距大小一致，线迹均匀顺直、整齐圆顺，缝线松紧适宜。短针针距与线迹为0.15～0.2cm，长针针距与线迹为0.3～0.4cm。

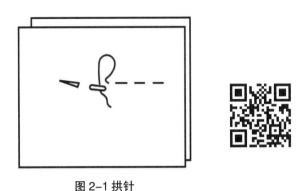

图2-1 拱针

（二）缲针

缲针又叫缭针、板针、挽针、撬针，分明缲针和暗缲针两种。它多用于服装的袖口和底摆的贴边、袖窿、裤腰里、膝盖绸等处。宜选用与衣料同色线，以便隐藏线迹，见图2-2、图2-3。

（1）用途：明缲针的线迹略露在外面，多用中式服装的贴边处；暗缲针的线迹在底边缝口内，常用于毛呢服装下摆贴边的滚边内侧。

（2）操作：

① 明缲针操作。先把衣片贴边折转扣烫好。第一针从贴边中间向左上挑出，使线结藏在中间；第二针在离开第一针时向左约0.2cm挑过衣片大身和贴边口，针距为0.3～0.4cm，针穿过衣片大身时只能挑起一两根纱丝；从右向左，循环往复进行。明缲针线迹0.2cm，针距0.5cm。

② 暗缲针操作。整个针法自右向左进行。先把贴边翻开一点，在贴边内起针，然后用针尖挑起衣片的一两根纱线，接着挑起贴边并向前进0.5～0.7cm，使缝线藏在贴边内且不能拉紧。暗缲针针距为0.5～0.7cm。

（3）工艺要求：明缲针、暗缲针在面料正面都不能露出线迹，在反面要线迹整齐、针距相等，线松紧适宜。

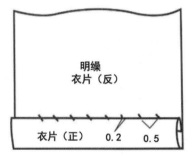

图2-2 明缲针

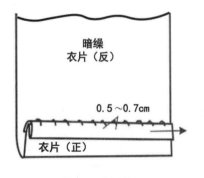

图2-3 暗缲针

（三）撩针

撩针又称绷缝，用来临时固定两层或两层以上的衣片。见图2-4。

（1）用途：一般用于覆衬布，撩贴边、腰里、缝份等。

（2）操作：左手压住面料，右手拿针缝，从右向左进针，在每针扎入和拔出时反面露出线迹要小，要边缝边整理衣片。

（3）工艺要求：线迹长，针距短，长短要一致；缝线顺直，缝线松紧适宜。一般针距为0.5～1cm，线迹为3～5cm。面料薄时则线迹密小，面料厚时则线迹疏长。

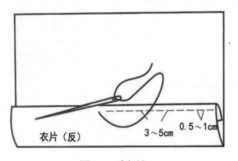

图2-4 撩针

（四）打线钉

打线钉是一种用白棉线在衣片上做出缝制标记的针法。见图2-5、图2-6。

（1）用途：目的是把上层面料的粉印用线钉精确地反映到下层面料上。

（2）操作：打线钉的针法与撩针基本相同。第一针向下扎，扎透底层面料时便向上挑缝，拔出手缝针。缝完后将线剪断，留线头1cm左右；剪完一针后，左手将线向前拉起。然后，掀起上层衣片，将线拉长0.6cm左右，再从中间剪断即可。面上线头修剪留0.2cm绒头。每针针距为0.3cm，线迹为4～6cm。绒头长为0.2cm。

（3）工艺要求：线钉长短要适宜，针脚要直顺，距离要均匀，不能剪破衣片。

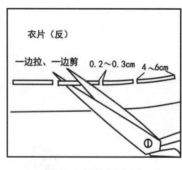

图2-5 打线钉（1）

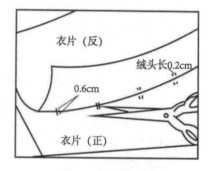

图2-6 打线钉（2）

（五）环针

环针又称绕缝，是将毛缝边口用缝线绕缝光的针法。见图2-7。

（1）用途：在衣片的边缘部位或衣片中剪开部位，用缝线环绕住毛边以防纱线脱出。常用于省道开剪部位。

（2）操作：一般选用单根白色棉线，不易滑动。从边缘端点处开始，顺毛边从下向上插针，依次向前移动针距进行插针，缝线呈斜向均匀地环住毛边，使纱线不能脱落。距边 0.4cm、针距 1cm 左右。

（3）工艺要求：缝线松紧适宜，环缝斜向排列一致，针距大小相同，毛边要环住。

（六）三角针

三角针俗称黄瓜架，是在服装贴边处绷三角针的针法，使贴边与衣身固定。见图 2-8。

（1）用途：常用于裤脚口、袖口、下摆、裙摆贴边等处，也可用于装饰。

（2）操作：整个针法自左向右进行，呈 V 字形。第一针从贴边内挑起，针眼距边 0.6cm，针从贴边正面穿出。第二、三针向后退，缝在衣片反面紧靠贴边边缘处，挑住一两根纱线，线迹为 0.8cm。第四、五针再向后退，缝在贴边处，正面距边 0.6cm，第一针与第四针的距离为 0.8cm。第六、七针继续向后退，操作方法同第二、三针。反复循环。

（3）工艺要求：针眼距边 0.6cm，角与角的距离为 0.8cm，呈正三角形；拉线松紧适中，针迹整齐、距离均匀，三角大小一致，衣片正面不露针迹。

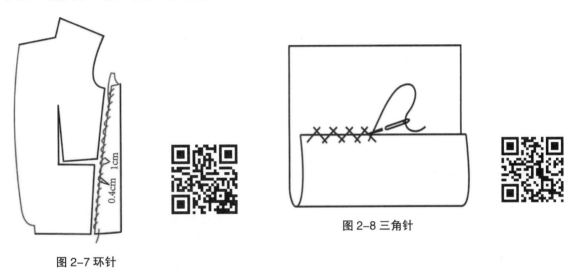

图 2-7 环针

图 2-8 三角针

（七）倒钩针

倒钩针是呈倒钩形的针法，又称倒扎针。见图 2-9。

（1）用途：主要是加强牢度，使服装斜丝部位不还口。它常用于衣片的斜丝部位，如袖窿、领窝等处。

（2）操作：进针方向由左向右或由前向后。第一针距毛边 0.7cm，从反面扎到正面，第二针向后退 1cm 扎入反面，同时向前 0.3cm，将针再从衣料正面穿出，这是第三针；如此反复循环，即为倒钩针。每针拉线时，要使线将面料略拉紧些，起到不还口的作用。

（3）工艺要求：线迹平整、均匀，拉线松紧适宜。倒钩针为重叠线迹，线迹为 1cm，针距 0.3cm，斜纱部位针码要小，全部线迹藏在缝份内。

（八）贯针

贯针又称串针，用于缝份折光后对接的针法，能直观地解决斜纱部位的缝合。贯针在正面不露线迹见图 2-10。

（1）用途：一般用于西服领串口部位。

（2）操作：运针方向自右向左，起针的线结藏在衣片折缝里，针迹在夹层内，上下对称针脚为 0.15 ～ 0.2cm，正面不露针迹。此针法适合于领面与驳头的对格对条处理。

（3）工艺要求：上下松紧适宜，串口缝直顺，拉线松紧一致。

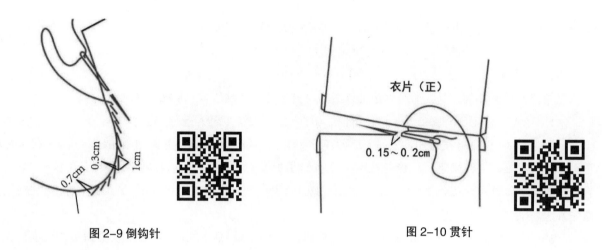

图 2-9 倒钩针   图 2-10 贯针

（九）拉线袢

拉线袢是用单线或多股线编成线带，连接两层面料。见图 2-11。

（1）用途：用在衣领下角作钮袢用，或连接衣身面和衣身里贴边用。

（2）操作：操作要点为套、钩、拉、放、收五个环节。第一针从贴边反面向正面扎，将线结藏在中间，先缝两行重叠线，针再穿过两行线内形成线圈，左手中指钩住缝线，同时右手轻轻拉缝线并脱下左手上的线圈，用右手拉、左手放，使线袢成结。如此循环往复至需要长度，最后将针穿过摆缝贴边，在贴边里边打止针结。

（3）工艺要求：线袢要均匀、直顺，拉线松紧一致。

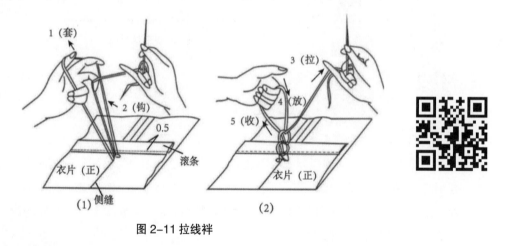

图 2-11 拉线袢

（十）锁针

锁针是手工锁眼的针法，又称锁扣眼。它是服装缝制工艺中不可缺少的一种针法，服装扣眼是纽扣的眼孔。扣眼可分为平头纽眼和圆头纽眼，如衬衫纽眼为平头纽眼，西服外套等纽眼为圆头纽眼。见图 2-12。

（1）用途：常用于手锁扣眼、锁钉裤钩、明钉领钩以及圆孔、腰带袢等。

（2）操作：锁眼方法有圆头锁眼法和平头锁眼法。一般锁扣眼有五大步骤，只有每个步骤准确无误，才能锁好扣眼。

① 画扣眼位。纽眼等于纽扣直径加上纽扣厚度。眼位有竖直和水平两种。竖直画时要与搭门线相吻合；水平画时要超过搭门 0.15 ～ 0.3cm。

② 剪扣眼位。将衣片对折，上下扣眼位线对准且不能歪斜，居中剪开 0.5cm，然后再将衣片展开并

剪到所需长度。在纽头部位剪成 0.2～0.3cm 菱形，以便容纳扣座。

③打衬线。其作用是使锁完后的扣眼鼓起而美观。在扣眼周围 0.3cm 左右打衬线，起针线结留在夹层内。衬线松紧要适度，若太松则影响扣眼整齐、坚固度，若太紧则扣眼起皱。

④锁扣眼。从扣眼左边尾端锁起，左手捏住上下两层布料而使之不移动，针从衬线尾端穿出，将针尾后的线套在针的前面，然后拔针拉线，将线向右上方倾斜 45°角拉紧、拉整齐。锁至圆头时，拉线要与衣片成 90°角，针距也要适当放大，这样才能保证圆头整齐、美观。全部针法由里向外、由下向上锁缝。注意拉线用力要均匀，倾斜度要一致。

⑤收尾。锁至尾部时，最后一针与第一针衔接起来缝两行封线，然后将针从扣眼中穿出，再将针从封线外侧扎入扣眼反面，在反面打结，最后将线结拉入衣料的夹层内。

（3）工艺要求：眼位正确，针脚整齐伏贴，针距均匀、宽窄一致，圆头圆顺，不毛漏。锁针坚固、光洁、美观。

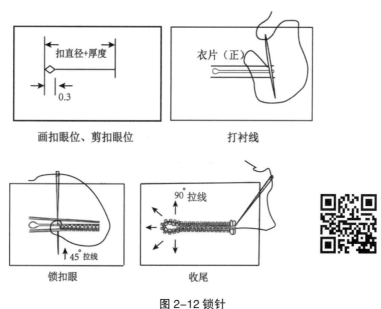

图 2-12 锁针

（十一）钉扣

纽扣在服装上分为实用扣和装饰扣两种。实用扣要与扣眼相吻合，缝钉时需要放出适当松度以缠绕纽脚。装饰扣则不与扣眼发生关系，在钉扣时拉紧钉牢即可。钉孔有明孔和暗孔两种。见图 2-13。

（1）用途：用于服装门襟开口处。

（2）操作：钉线可用单线或双线，纽扣的钉法可多样化，两孔纽扣可钉成"一"字形，四孔纽扣多数是钉成"二"或"×"字形，个别情况还有钉"口"字形的。一孔的孔通常在背面扣座中间，或有活扣鼻。

①钉实用扣：先在衣服上画好扣位。可以先将纽扣用线缝住，再从面料正面起针，也可直接从面料正面起针，针线再从纽扣的两孔上穿过后钉在衣片上，缝线底角要小，缝线要放松，留有线柱，使纽扣扣入扣眼中平整伏贴，线柱高度根据衣片厚度而定。针同时穿过另两个纽孔后钉在衣片上，反复钉 4～6 次，再把线从上到下绕缠线柱数圈，绕满为止，然后将线引到反面打结。为增加牢度，可以在反面垫上衬垫纽。

②钉装饰扣：装饰扣不需要扣入扣眼处，所以其不需要绕纽脚而只要伏贴地钉在衣服上就可以了，但要缝牢。

（3）工艺要求：线柱紧凑，扣位准确。线柱高矮要合适，扣上衣服后要伏贴。

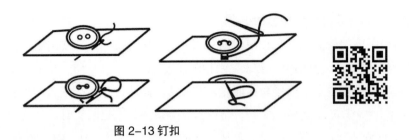

图 2-13 钉扣

第二节 机缝基础工艺

一、机缝前的准备

（一）机针的选择、安装及针距的调节

工业平缝机机针的一侧扁平，一侧有线槽，操作时将有线槽的一侧朝向自身左手方向，针杆顶到底，拧紧螺丝。由于缝制的面料有厚薄及不同性能，所以机针粗细和针距大小需要根据实际情况进行调整。一般缝制轻薄面料时，机针较细，针距较小；缝制厚重面料时，机针较粗，针距较大。见表 2-2。

表 2-2 常用面料机针和针距配置

面料	针号	针距密度（针 /3cm）
丝绸织物等轻薄面料	9 ～ 11	14 ～ 16
平布、薄型毛织物等普通面料	14	12 ～ 14
厚牛仔布、厚帆布、中厚型毛织物	16 ～ 18	10 ～ 12

（二）缝纫线的选择及安装

缝纫线是服装主要辅料之一，其颜色、质地及性能的选择应与服装面料相一致。不同针号对应的机针也应不同。针号越小，缝纫线越细；反之，则越粗。缝纫线应具有一定的强度及光滑度，捻度要适中，无接头和粗节。缝纫线的安装见图 2-14，扫描二维码可观看其操作视频。

图 2-14 缝纫线的安装

图 2-15 梭芯及梭壳

（三）梭芯与梭壳的选择及安装

梭芯需要倒线，且倒线要平整，松紧一致，防止过满。安装时，将梭芯装入梭壳，从弹簧片下拉出线头。将梭壳缺口朝上，装入机器转轴上并推入，直至听到咔的一声才算到位。想要取出时，只有抬起梭壳门闩才能取出。见图 2-15。

（四）面线 / 底线张力的调节

面线的张力是通过夹线器调节，底线的张力则通过梭壳螺钉调节。根据用料的厚薄和粗细缝纫线调整张力，以便底、面线张力平衡，松紧适中，保证线迹整齐、紧密、坚牢、美观。调整时用小螺丝刀微调梭壳螺钉，当拉住线头且梭壳能匀速下落时表示张力适中。面线则需要根据底线作调整。边试缝边观察线迹，同时调整夹线螺母的松紧，使底、面线交接点在缝线中间且松紧适当。

（五）机针的安装

机针的安装过程可扫描下面二维码观看视频。

二、上机操作

（一）空车操作

在纸上分别画出直线、弧线、几何形线及平行线，然后沿着线印进行练习。要求：针孔扎在线印上，不能偏离；尽量少停车；转角处使针留在针板的容针孔中，再抬起压脚转动纸片，对准接着要缝的方向；待动作熟练之后，再要求速度。

（二）缉布操作

1. 起针、落针、倒回针

机缝前将底线勾起，与面线一起绕到压脚右前方。抬起压脚，放入布料，确定好缝份，开始机缝。起止点回针是机缝中的重要一环，要求在指定位置起止回针。此时注意在起落针的停顿上要干净利落，不多不少。机缝结束后打好回针，然后将缝纫线拉到压脚左前方，并将缝纫线剪断。

2. 双层面料机缝

机缝时，由手控制面料运行的方向以及对面料平整的整理。缝两层或多层布料时，双手都放在缝件上，左手按住上层缝料稍向前推，右手拇指放在最下面，其余四指放在夹层中，捏住下层缝料稍向后拉，不要太过用力。

（1）相同长度面料机缝：取两段长约40cm、宽约5cm的坯布，将两段面料对齐并进行缝合，缝份为1cm。要求送布均匀，缝制完成后长短一致，无皱缩。

（2）不同长度面料机缝：取两段宽约5cm的坯布，长约40cm左右，其中一段比另一段短1cm。将两段布料头尾对齐进行缝合，注意在面料中部打上对位剪口。可将面料较长的一段放在下层，根据机缝时下层自然皱缩的原理进行缝制，也可将面料较长的一段放在上层，用锥子推送，要求缩缝均匀。

三、基础机缝缝型介绍

(一)线迹

1. 线迹的基本概念

由1根或1根以上缝线线圈以自串线圈、互串线圈穿入或穿过缝料而形成的一个结构单元（形成缝迹可有不用缝料、在缝料内部、穿过缝料、在缝料上面四种状态）。自串线圈为一缝线线圈穿过同一缝线的另一线圈，见图2-16；互串线圈为一缝线线圈穿过不同缝线形成的另一线圈，见图2-17；交叉线圈为一缝线越过或绕过另一缝线的线圈，见图2-18。

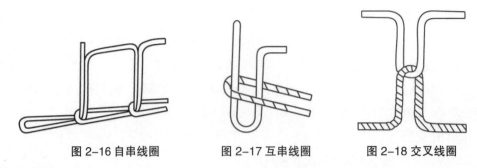

图 2-16 自串线圈　　　图 2-17 互串线圈　　　图 2-18 交叉线圈

2. 线迹的分类

在国家标准 GB/T 24118—2009 中，线迹类型分为 6 大类 88 种。其中 100 系列为链式缝迹（7 种），200 系列为仿手工缝迹（13 种），300 系列为锁式缝迹（27 种），400 系列为多线链式缝迹（17 种），500 系列为包缝缝迹（15 种），600 系列为覆盖 链式缝迹（9 种）。每个缝迹用一个 3 位数字作为代号，第 1 位数字代表其所在系列，第 2、3 位数字作为其代号与其他缝迹相区别。

（1）100 类——单线链式线迹，由一根或一根以上针线自链形成，共 7 种。

（2）200 类——仿手工线迹，起源于手工缝纫的线迹，由一根缝线穿过缝料将之固定，共 13 种。

（3）300 类——锁式线迹，由一组缝线的线环穿入缝料后与另一组缝线交织而形成的线迹，共 27 种。

（4）400 类——多线链式线迹，一组缝线的线环穿入缝料后与另一组缝线互链形成的线迹，共 17 种。

（5）500 类——包边链式线迹，一组或一组以上缝线以自链或互链方式形成的线迹，至少一组缝线的线环包绕缝料边缘，一组缝线的线环穿入缝料以后，与一组或一组以上缝线的线环互链，共 15 种。

（6）600 类——覆盖链式线迹，由两组以上的缝线互链，并且其中两组缝线将缝料上、下覆盖的线迹，共 9 种。

常见线迹如表 2-3 所示。

表 2-3 常见线迹

线迹类型	线迹构成	线迹显示		缝迹宽度（mm）	线迹密度（个/cm）	每米用线量（m）
		正面	反面			
101 单线链式线迹				—	2	3.8
103 单线缲针线迹				—	2	4.5
209 绗针线迹				—	4	1.4

301 锁式线迹			—	4	1.4
304 锯齿形锁式线迹			5	4	2.65
308 多步锯齿形锁式线迹			8	18	3.7
401 两线链式线迹			—	4	1.7（面线） 3.7（底线）
404 两线锯齿形链式线迹			3	5	2.15（面线） 3.95（底线）
502 两线包缝线迹（针孔交叉）			5	4	1.7（面线） 10.4（底线）
503 两线包缝线迹（布边交叉）			5	4	6.7（面线） 5.4（底线）
504 三线包缝线迹（针孔交叉）			5	4	1.7（面线） 12.1（底线）

505 三线包缝线迹（布边交叉）			5	4	6.35（面线） 6.85（底线）
512 四线包缝线迹（针孔交叉）			6	4	3.4（面线） 13.6（底线）
514 四线包缝线迹（布边交叉）			6	4	3.4（面线） 16.4（底线）
602 两线覆盖链式线迹			5	4	3.4（面线） 8（底线） 7.2（覆盖线）
605 三线覆盖链式线迹			6	4	5.1（面线） 13（底线） 8（覆盖线）
607 四线覆盖链式线迹			6	4	8.9（面线） 15（底线） 8（覆盖线）

（二）缝型

1. 缝型的基本概念

缝型指一系列线迹与一定数量的缝料相结合的形式。缝型对缝制品的外观和强度具有决定性的意义。

2. 缝型的分类

根据国际标准 ISO 4915:1991，缝型标号由一个五位阿拉伯数字组成。第一位数字表示缝型的分类，第二、第三位数字表示排列的形态，第四、第五位数字表示缝针穿刺部位和形式，有时也表示缝料位置的排列关系。在第一位表示缝型的数字中，根据所缝合的布片数量和配置方式，将缝型分为八类，其中按布片布边缝合时的位置分为"有边限"和"无边限"两种，缝迹直接配置其上的布边成为有限边，远离缝迹的布边称为无限边。

（1）第一类：由至少两层缝料组成，其有限布边均位于缝料的同侧，包括两侧都为有限布边的缝料。

（2）第二类：由至少两层缝料组成，两层缝料均各有一条有限布边各处对应一侧，两层缝料相对配置并互相重叠。另外的缝料有限边则可以随意位于一侧。

（3）第三类：由至少两层缝料组成，其中一层缝料有一侧有限边，另一层缝料有两条有限边并把第一层缝料的有限边包裹其中；另外的缝料则类似第一层或第二层缝料。

（4）第四类：由至少两层缝料组成，其两层缝料有限边各处一侧，两层缝料处于同一平面上，另外的缝料有限边则可随意位于一侧。

（5）第五类：由至少一层缝料组成，其中一层两侧都为无限边，其余缝料则有一侧或两侧为有限边。

（6）第六类：由一层缝料组成，只有一侧有有限边。

（7）第七类：由至少两层缝料组成，其中一层的一侧为有限边，其他缝料两侧均为有限边。

（8）第八类：由至少一层缝料组成，缝料两侧都是有限边。

四、基础机缝缝型工艺

1. 平缝

衣片基本缝合缝迹。将两层衣片正面相对叠合，距边缘 1cm（缝份）缉线缝合。常用于各种衣片的合缝。见图 2-19。

2. 分缉缝

将平缝后的衣片缝份分开，在左右各缉一道距离 0.5cm 的明线。常用于服装合缝后的外装饰线。见图 2-20。

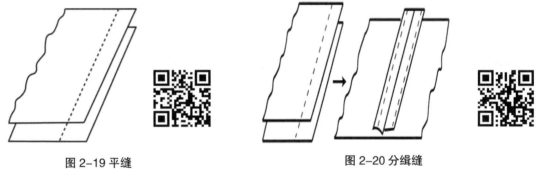

图 2-19 平缝　　　　　　　　　　　　　图 2-20 分缉缝

3. 搭缝

将两衣片正面朝上且使其缝份左右叠合，并在其叠合部分的中间缉一道线。多用于衬布内部拼接。见图 2-21。

4. 坐缉缝（倒缝）

将两衣片正面相对叠合平缝后，使缝份倒向一边，在衣片正面缉线固定缝份。多用于裤子侧缝、夹克分割线等处，其线迹具有一定的装饰作用。见图 2-22。

图 2-21 搭缝　　　　　　　　　　　　　图 2-22 坐缉缝

5. 扣压缝

将一裁片正面缝份折光，与另一裁片正面相搭合，并沿折边压缉一道距离 0.1cm 的明线。多用于贴袋、过肩等处，见图 2-23。

6. 来去缝

先将两衣片反面相对叠合，沿边缉一道距离 0.3cm 的缝线，然后将缝份修剪整齐，翻转衣片，使其正面相对，最后再沿边缉一道距离 0.7cm 的线以将缝份包住。常用于女衬衫、童装的摆缝、合袖缝等，见图 2-24。

图 2-23 扣压缝　　　　　　　　　　　图 2-24 来去缝

7. 贴边缝

将衣片沿边折光一个缝份的宽度，然后沿折光边压缉一道明线，通常其距离折光边 0.1～0.2cm。常用于各类衣服的下摆、袖口。见图 2-25。

8. 闷缝

将两衣片反面相对叠合，先平缝缉一道线，然后将下层片的正面翻上来并折光另一衣片，在盖住第一道缝线处沿折边口正面缉明线。常用于缉领、缉袖克夫、缉裤腰等。见图 2-26。

图 2-25 贴边缝　　　　　　　　　　　图 2-26 闷缝

9. 内包缝

先将两衣片正面相对叠合，下层缝份放出 0.6cm 来包转上层缝份，沿毛边缉一道距离 0.1cm 的明线；然后在衣片反面将包缝缝份坐倒压住毛边，并沿缝份边缘缉压距离 0.5cm 的明线（清止口）。常用于中山装、工装裤、牛仔裤。见图 2-27。

10. 外包缝

先将两衣片反面相对叠合，下层缝份放出 0.8cm 来包转上层缝份，沿毛边缉一道距离 0.1cm 的线；然后在衣片正面将包缝缝份坐倒压住毛边，并沿缝份边缘缉压距离 0.1cm 的明线（清止口）。常用于夹克衫、风衣、大衣等。见图 2-28。

图 2-27 内包缝　　　　　　　　　图 2-28 外包缝

11. 漏落缝

将两衣片平缝后分开缝份，在两布料接缝缝口处缉缝一道，机针要对准分缝位置，明线要缉在分缝中。此种缝制方法多用于固定挖袋嵌线。见图 2-29。

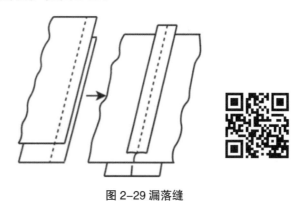

图 2-29 漏落缝

第三节　熨烫工艺

一、熨烫的原理

熨烫工艺是服装制作的重要手段，贯穿于服装制作的全过程。熨烫的基本原理是利用纤维在湿热状态下能膨胀伸展和冷却后能保持形状的物理特性来实现对面料的热定型。

二、熨烫的作用

1. 面料预缩

由于面/辅料的特性不同，需要在裁剪制作前对其进行预缩处理，如毛料的起水预缩、棉的下水预缩等，都需要运用熨烫手段来进行。

2. 烫黏合衬（黏衬）

黏合衬的一面涂有热熔胶，需要熨烫才能将之与面料黏合。不同面料和黏合衬所需要的熨烫时间、温度、压力是不一样的，需要预先进行试验再正式熨烫。具体熨烫时，熨斗应自衣片中部开始向四周粗烫一遍，使面衬初步贴合平整，然后自上而下、一熨斗一熨斗地仔细熨烫，不可来回磨烫，以免引起黏衬松紧不一。刚烫好的衣片要待其自然冷却后再移动。

3. 扣烫边角

服装制作过程中，坐倒缝份、扣转贴边、使止口伏贴等均需要采用熨烫工艺。

4. 推、归、拔

由于人体是立体的，为了服装更合体，需利用纺织纤维在湿热条件下变形的特点，对不同部位的服装裁片进行推移、归拢、拔开，然后冷却定型，如裤子的拔裆、西服的推门等。

5. 成品整烫

服装制作完成后，需要对整件服装进行熨烫整理，其作用是以熨烫手段对服装制作过程中的不足进行修正和弥补，以达到服装成品的最佳状态。

三、熨烫的基本要素

1. 温度

在熨烫中需根据不同面料性质调整温度。若温度过低则不能使纤维延展、水分汽化；若温度过高则容易使纤维炭化或熔化。熨斗上均标有不同面料的适用熨烫温度。具体数据见表 2-4。

表 2-4 常用面料的适用蒸汽温度

蒸汽温度 /℃	适用面料
120	化纤面料
128	混纺面料
149.6	薄型毛面料
160.5	中厚毛面料

2. 湿度

水分是面料变形所必须的条件。纤维要在润湿的情况下才能充分膨胀变形，所以在熨烫时需要开启熨斗上的水蒸气调节旋钮或垫一块湿布进行。

3. 压力

压力是使面料定型的外部条件。在适当的温度、湿度条件下，对熨斗施加一定方向的压力，可以使面料延展、折叠或定型。熨烫的压力根据织物情况及熨烫部位的不同而不同。在熨烫毛呢织物时，为保持毛绒丰满，则不宜采取压力熨烫，而应采用喷射蒸汽熨烫，且熨斗面与面料挨近但不接触，还要采用抽湿冷却，以达到定型的目的。

4. 时间

时间是面料延展与定型以及黏合衬上的胶是否能够充分熔化和渗透的必要条件。需要根据不同面料进行时间调整，还可以采取连续熨烫或间歇熨烫。具体熨烫时间与面料配比见表 2-5。

表 2-5 面料与适用熨烫时间配比

面料	加压时间 /s	抽湿冷却时间 /s
丝绸面料	3	5
化纤面料	4	7
混纺面料	5	7

（续表）

薄型毛面料	6	8
中厚毛面料	7	10

四、熨烫方法

熨烫需要根据面料质地及服装的部位、款式、结构等不同要求来选择运用不同的技法。手工熨烫主要使用电熨斗。要用熨斗底的前部进行熨烫，熨烫时要一手持熨斗，另一手对面料进行整理。熨烫基本技法可分为平烫、扣烫、分烫、压烫、归烫、拔烫等，见表 2-6。

表 2-6 熨烫基本技法

名称	操作方式	图示	用途
平烫	将面料铺平，在其上进行水平熨烫；动作要轻抬轻放，以防面料变形		最基本的熨烫技法，多用于面料及衣物平面的整理
扣烫	将面料朝向一边折倒后熨烫定型		用于裙边、底摆、袖口、裤口等
分烫	将合缝的两片缝份分开后熨烫平整		用于服装合缝后需要分开缝份的地方
压烫	将合缝的两片缝份倒向一侧后熨烫平整		用于服装合缝后需要倒缝的地方

（续表）

归烫	手持熨斗在面料上做弧线运动，将直线或外弧的边线逐步向内烫缩成内弧线，并压实定型		用于男西服后肩线、后背等
拔烫	与归烫相反，将直线或内弧的边线向外烫开成外弧线或直线，并压实定型		用于男西服前肩线、腰部等

第三章　服装部件缝制工艺

第一节　省和褶裥缝制工艺

一、省

（一）锥形省

锥形省效果图见图 3-1 所示。

（1）在裙身面料反面画出省道位置与形状。见图 3-2。

（2）在反面沿省宽中心线对折，使 A 点与 B 点重合，然后沿省道边的画线进行机缝，缝至距离省尖 0.5cm 处打倒针或打结，以免缝线松散。见图 3-3。

（3）将省道缝份倒向一侧，在反面熨烫平整。见图 3-4。

（4）如果面料较厚，就可沿省道中心线剪开至距离省尖 1/3 处，然后劈缝熨烫平整。见图 3-5。

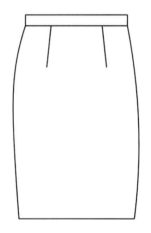

图 3-1 锥形省效果图

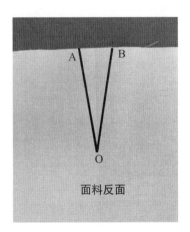

图 3-2 锥形省缝制步骤一

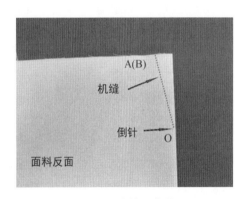

图 3-3 锥形省缝制步骤二

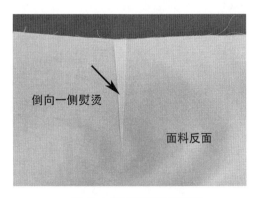

图 3-4 锥形省缝制步骤三

图 3-5 锥形省缝制步骤四

（二）枣形省

枣形省效果见图 3-6 所示。

（1）在裙身面料反面画出省道位置与形状。见图 3-7。

（2）在反面将省道沿省中心线对折。见图 3-8。

（3）若为薄型面料时则将省道倒向一侧进行熨烫平整。见图 3-9。面料较厚的情况下，省道处理有两种方式：

① 将省道沿中心线剪开，并劈缝熨烫平整。见图 3-10。

② 缝合省道时，在省道下方垫一块与面料厚薄近似的面料并一起缝合，见图 3-11；在熨烫时将垫布与省道劈开熨烫平整，以达到厚薄平衡，见图 3-12。

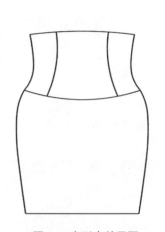

图 3-6 枣形省效果图

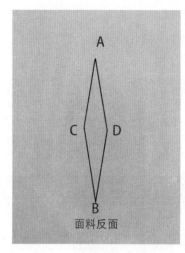

图 3-7 枣形省缝制步骤一

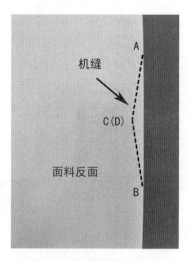

图 3-8 枣形省缝制步骤二

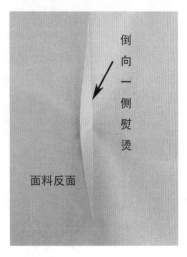

图 3-9 枣形省缝制步骤三

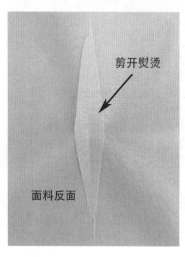

图 3-10 枣形省缝制步骤四

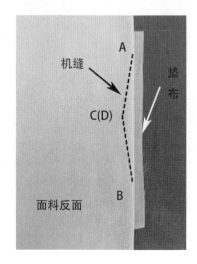

图 3-11 枣形省缝制步骤五

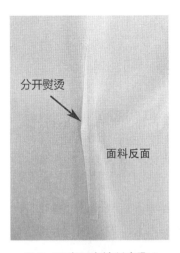

图 3-12 枣形省缝制步骤六

二、褶裥

（一）碎褶

碎褶效果见图 3-13 所示。

（1）根据实际需要裁剪面料，将缝纫机针距调节至最大，距离面料边缘 0.5cm 处以大针码机缝，也可以用手针进行绷缝。见图 3-14。

（2）将缝线抽紧，调整至所需长度。见图 3-15。

（3）沿抽紧的缝线机缝固定。见图 3-16。

图 3-13 碎褶效果图

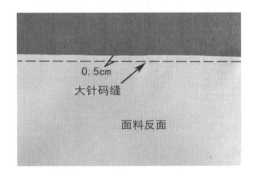

图 3-14 碎褶缝制步骤一

图 3-15 碎褶缝制步骤二

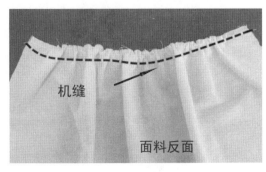

图 3-16 碎褶缝制步骤三

（二）风琴褶

风琴褶效果见图 3-17 所示。

（1）根据款式需要确定褶裥宽度，并在面料上画出褶裥位置与宽度。见图 3-18。

（2）将面料正面沿褶裥中线折叠，使 A 点与 B 点重合。见图 3-19。

（3）重复上一步骤，使 C 点与 D 点重合，按照同样方法重复后面的褶裥两端操作。见图 3-20。

（4）依次折叠好所有褶裥，使倒向方向一致并熨烫定型，然后以机缝固定。见图 3-21。

图 3-17 风琴褶效果图

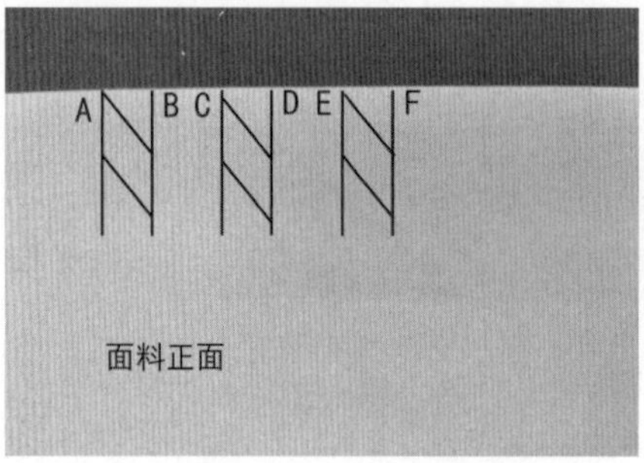

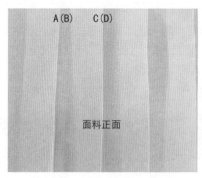

图 3-18 风琴褶缝制步骤一

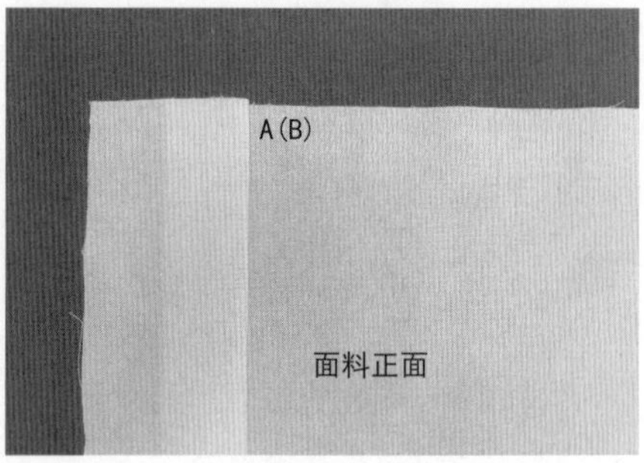

图 3-19 风琴褶缝制步骤二

图 3-20 风琴褶缝制步骤三

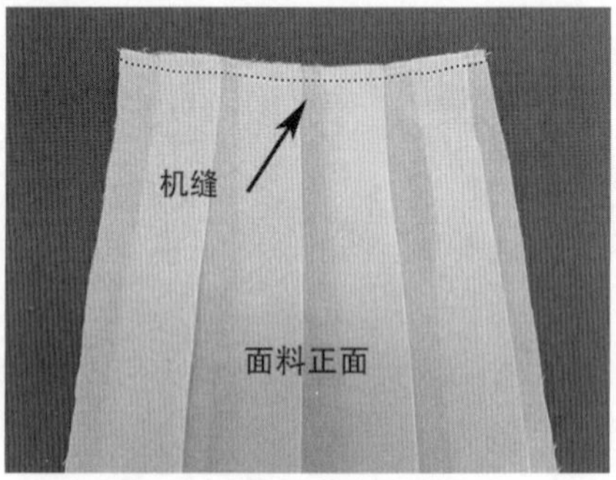

图 3-21 风琴褶缝制步骤四

（三）箱型褶

箱型褶效果见图 3-22 所示。

（1）根据款式需要确定褶裥宽度，并在面料上画出褶裥位置与宽度以及褶裥中心线。见图 3-23。

（2）沿褶裥中心线将褶裥对折，使 A 点与 B 点重合。见图 3-24。

（3）使 C 点与 B 点重合，且 AB 与 BC 的倒向相反。见图 3-25。

（4）将折叠好的褶裥进行熨烫。重复上述步骤，依次将所有褶裥折叠并固定。见图 3-26。

图 3-22 箱型褶效果图

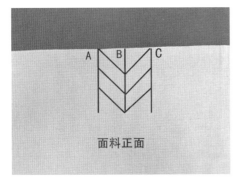

图 3-23 箱型褶缝制步骤一

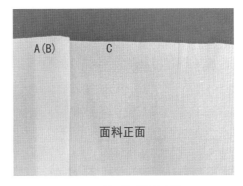

图 3-24 箱型褶缝制步骤二

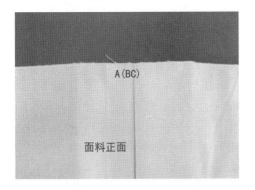

图 3-25 箱型褶缝制步骤三

图 3-26 箱型褶缝制步骤四

第二节　门襟缝制工艺

一、女衬衫门襟

女衬衫门襟效果见图 3-27 所示。

图 3-27 女衬衫门襟效果图

（一）方法一

（1）按照前衣身结构图裁剪出挂面衣片，底摆缝份为4cm。见图3-28。

（2）在挂面反面黏无纺衬。见图3-29。

（3）将挂面正面与衣身正面沿搭门对齐，沿着净线缝合至衣长净线处，在拐角缝合至挂面宽度时打倒针加固。见图3-30。

  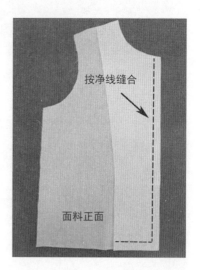

图 3-28 女衬衫门襟缝制步骤一　　图 3-29 女衬衫门襟缝制步骤二　　图 3-30 女衬衫门襟缝制步骤三

（4）修剪衣服底摆缝份至1cm。见图3-31。

（5）将挂面翻转至面料反面，沿止口熨烫，使衣身与挂面保持0.1～0.2cm的里外容。见图3-32。

图 3-31 女衬衫门襟缝制步骤四　　　　　图 3-32 女衬衫门襟缝制步骤五

（二）方法二

（1）按照前衣身挂面部分形状与衣身相连裁剪出衣片挂面，在挂面反面黏无纺衬，底摆缝份为4cm。见图3-33。

（2）将挂面沿衣服止口向反面翻转并熨烫实。见图3-34。

（3）沿净线缉底摆，修剪衣服底摆缝份至1cm。见图3-35。

（4）将衣服底摆翻到正面后进行熨烫，效果见图3-36。

图 3-33 女衬衫门襟缝制步骤一

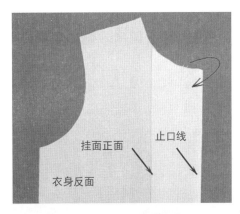

图 3-34 女衬衫门襟缝制步骤二

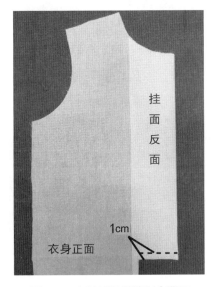

图 3-35 女衬衫门襟缝制步骤三

图 3-36 女衬衫门襟缝制步骤四

二、男衬衫门襟

男衬衫门襟效果见图 3-37 所示。

（1）将前衣身门襟部分剪掉，并留出 1cm 缝份，根据门襟宽度裁剪门襟布，宽度为"门襟宽 ×2+2cm（缝份）"，并在门襟反面黏无纺衬。见图 3-38。

（2）将前衣身底摆扣净为 2.5cm，在衣身反面缉距离 0.1cm 的明线，并将门襟面与衣身中心线正面相对且按净线缝合至衣身长度。见图 3-39。

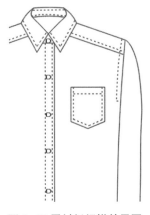

图 3-37 男衬衫门襟效果图

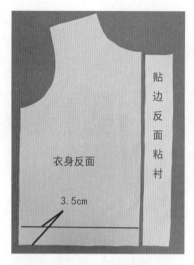
图 3-38 男衬衫门襟缝制步骤一

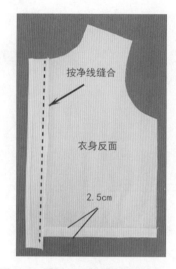
图 3-39 男衬衫门襟缝制步骤二

（3）将门襟布与衣身正面相对且沿中心线对折，按照净线缝合底摆门襟布下端，并修剪缝份至 0.5cm。见图 3-40。

（4）将门襟翻至正面，在门襟布上左右两侧分别沿边缘缉距离 0.1cm 的明线。见图 3-41。

图 3-40 男衬衫门襟缝制步骤三

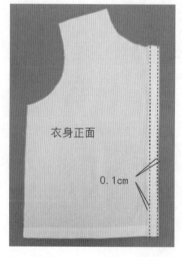
图 3-41 男衬衫门襟缝制步骤四

三、T 恤衫门襟

T 恤衫门襟效果见图 3-42 所示。

（1）在衣身正面画出前中心线，取长度为门襟长，左右各画出门襟宽线，其宽为"门襟宽 ×2+2cm（缝份）"，并在门襟反面黏无纺衬。见图 3-43。

（2）熨烫门襟。按照净线进行熨烫，左右两侧缝份为 1cm。见图 3-44。

图 3-42 T 恤衫门襟效果图

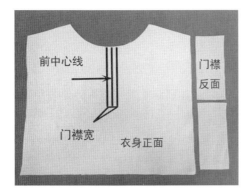

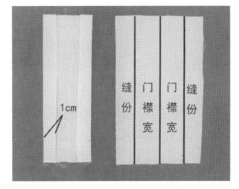

图 3-43 T 恤衫门襟缝制步骤一

图 3-44 T 恤衫门襟缝制步骤二

（3）将门襟较窄一侧与衣身门襟线缝合，缝合长度为门襟长。见图 3-45。

（4）沿前衣身中心线开剪口，距门襟下部 1cm 处向两侧开剪口。见图 3-46。

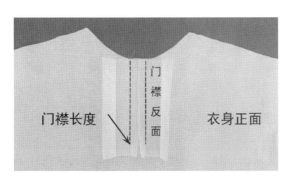

图 3-45 T 恤衫门襟缝制步骤三

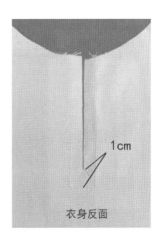

图 3-46 T 恤衫门襟缝制步骤四

（5）将门襟较大一侧倒向衣身反面，缝份夹在门襟上下两层之间。见图 3-47。

（6）将开剪口的三角形与门襟下侧固定封三角。见图 3-48。

（7）在下侧门襟缉距离 0.1cm 的明线。见图 3-49。

（8）缉门襟明线。见图 3-50。

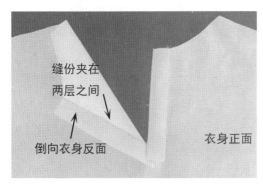

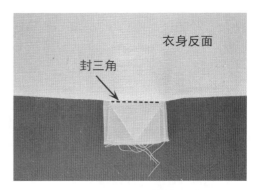

图 3-47 T 恤衫门襟缝制步骤五

图 3-48 T 恤衫门襟缝制步骤六

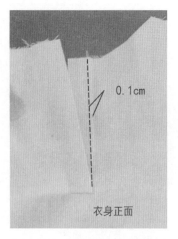

图 3-49 T 恤衫门襟缝制步骤七

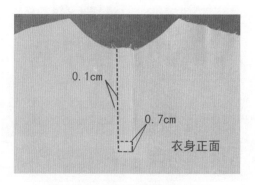

图 3-50 T 恤衫门襟缝制步骤八

第三节　口袋缝制工艺

一、圆角贴袋

圆角贴袋效果见图 3-51 所示。

（1）依照净样板在面料反面画出口袋净样尺寸，袋口上方加放 3.5cm，并在反面黏无纺衬，其余位置缝份均为 1cm。见图 3-52。

（2）依照净样板扣烫袋布，袋布上侧扣净 2.5cm，将圆角位置多余部分均匀地推成皱褶并烫实。见图 3-53。

（3）依照净样板在面料正面标出口袋位置。见图 3-54。

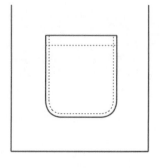

图 3-51 圆角贴袋效果图

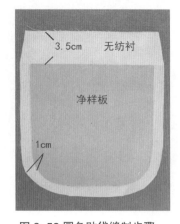

图 3-52 圆角贴袋缝制步骤一

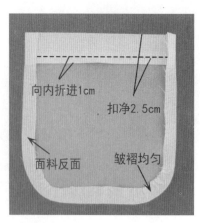

图 3-53 圆角贴袋缝制步骤二

图 3-54 圆角贴袋缝制步骤三

（4）在袋布反面，沿袋口上侧折边缉距离 0.1cm 的明线，明线位于袋口折边上。见图 3-55。

（5）将袋布置于衣身面料正面袋口位置处，与标记点对齐，在袋布三周沿边缉距离 0.5cm 的明线。见图 3-56。

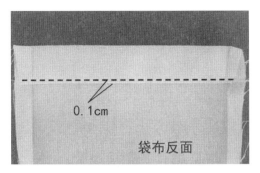

图 3-55 圆角贴袋缝制步骤四

图 3-56 圆角贴袋缝制步骤五

二、尖角贴袋

尖角贴袋效果见图 3-57 所示。

（1）依照净样板在面料反面画出口袋净样尺寸，袋口上侧加放 3cm，并在反面黏无纺衬，其余位置缝份均为 1cm。见图 3-58。

（2）依照净样板扣烫袋布，袋布上侧扣净 2cm。见图 3-59。

（3）依照净样板在面料正面标出口袋位置。见图 3-60。

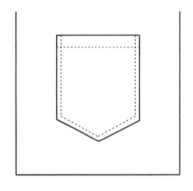

图 3-57 尖角贴袋效果图

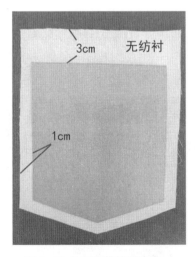

图 3-58 尖角贴袋缝制步骤一

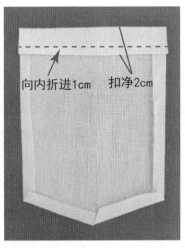

图 3-59 尖角贴袋缝制步骤二

图 3-60 尖角贴袋缝制步骤三

（4）沿袋布反面袋口折边下边缘缉距离 0.1cm 的明线，明线位于袋口折边上。见图 3-61。

（5）将袋布置于衣身面料正面袋口位置处且与标记点对齐，在袋布三周沿边缉距离 0.5cm 的明线。见图 3-62。

图 3-61 尖角贴袋缝制步骤四

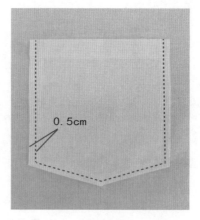

图 3-62 尖角贴袋缝制步骤五

三、立体贴袋

立体贴袋效果见图 3-63 所示。

（1）依照净样板在面料反面画出口袋、袋盖净样尺寸，袋口上侧加放 3cm，其余位置缝份均为 1cm，并在袋盖面与袋口上侧反面黏无纺衬。袋墙宽 3cm，缝份为 1cm。见图 3-64。

（2）将袋盖与衣身面料正面相对，以缝份 1cm 进行缝合。缝合后将其翻至正面，缉袋盖明线。见图 3-65。

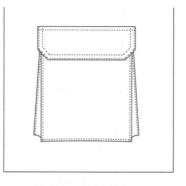

图 3-63 立体贴袋效果图

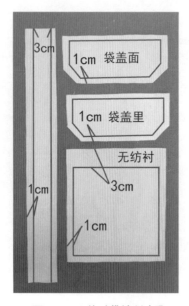

图 3-64 立体贴袋缝制步骤一

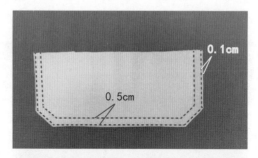

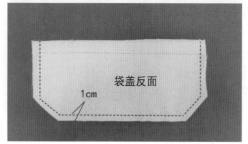

图 3-65 立体贴袋缝制步骤二

（3）依照净样板扣烫袋布，袋布上部扣净 2cm。见图 3-66。

（4）沿袋布反面袋口折边下边缘缉距离 0.1cm 的明线，明线位于袋口折边上。见图 3-67。

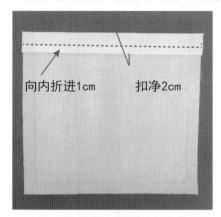
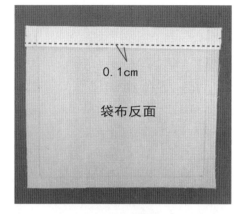

图 3-66 立体贴袋缝制步骤三　　　　　　　图 3-67 立体贴袋缝制步骤四

（5）将袋墙布上端与袋布侧边上端向下 1cm 处对齐，然后沿边缘距离 1cm 缉线，拐角处用珠针固定并开剪口。见图 3-68。

（6）将袋布翻到正面，并在袋布正面沿缝口边缉距离 0.1cm 的明线，见图 3-69。

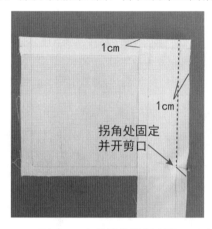
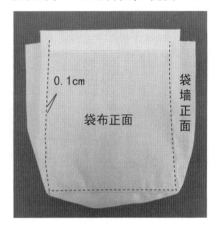

图 3-68 立体贴袋缝制步骤五　　　　　　　图 3-69 立体贴袋缝制步骤六

（7）将袋墙布按净线向内扣净 1cm，并在面料正面按照净样板画出袋盖与口袋位置，见图 3-70、图 3-71。

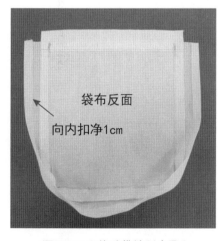
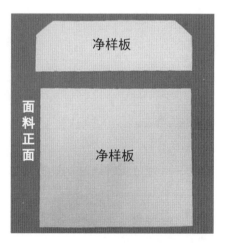

图 3-70 立体贴袋缝制步骤七　　　　　　　图 3-71 立体贴袋缝制步骤八

（8）将袋墙外侧与衣身正面口袋位置线对齐，在袋墙上沿边缘缉距离 0.1cm 的明线一周，缉合袋墙后在袋布正面袋口位置缉明线封袋口。见图 3-72、图 3-73。

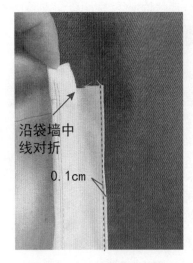

图 3-72 立体贴袋缝制步骤九

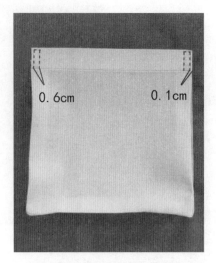

图 3-73 立体贴袋缝制步骤十

（9）将袋盖反面朝上并与衣身正面袋盖位置对齐，沿袋盖净线缉线。见图 3-74。

（10）缉合后将袋盖翻至正面，然后沿袋盖上边缘缉距离 0.5cm 的明线。见图 3-75。

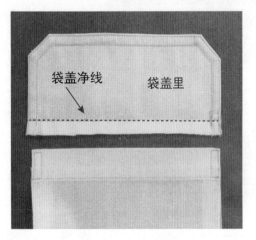

图 3-74 立体贴袋缝制步骤十一

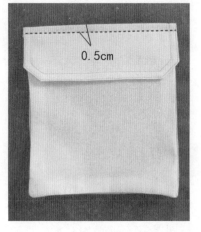

图 3-75 立体贴袋缝制步骤十二

四、斜插袋

斜插袋效果见图 3-76 所示。

（1）在裤片反面沿袋口位置黏无纺衬条，以固定袋口纱向，无纺衬条宽度为 2cm，然后在袋口下端开剪口，剪口大小为 0.9cm。见图 3-77。

（2）将袋口折边倒向裤片反面，沿袋口位置扣烫，见图 3-78。

（3）将袋布较小一侧与裤片反面袋口位置对齐，以缉 0.3cm 的大针码明线固定，见图 3-79。

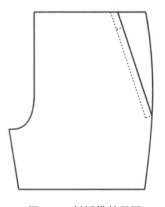

图 3-76 斜插袋效果图

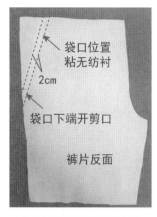

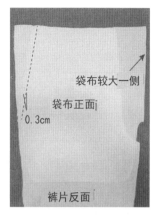

图 3-77 斜插袋缝制步骤一　　图 3-78 斜插袋缝制步骤二　　图 3-79 斜插袋缝制步骤三

（4）在裤片正面将袋口折边倒向反面熨烫，并沿边缘缉距离 0.7cm 的袋口明线，明线缉至袋口位置下端。见图 3-80。

（5）将袋口折边与袋布距离边缘 0.4cm 缉线固定，防止袋口折边翻出，切忌与裤片缝合。见图 3-81。

（6）将垫袋布与袋布较大一侧在腰部与侧缝位置对齐且正面朝上，缉线距离 0.5cm。见图 3-82。

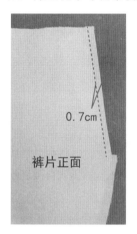
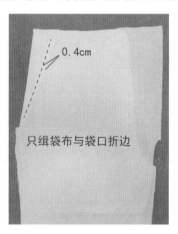
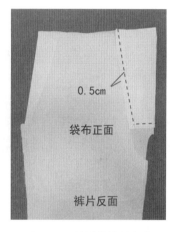

图 3-80 斜插袋缝制步骤四　　图 3-81 斜插袋缝制步骤五　　图 3-82 斜插袋缝制步骤六

（7）将袋布正面相对并沿中心线对折，在反面上沿边缘距离 0.7cm 缉线，缉至袋布端处余留 0.7cm 不缝，并在拐弯处缝份上开剪口。见图 3-83。

（8）将袋布翻到正面后熨烫，沿边缉距离 0.5cm 的明线。见图 3-84。

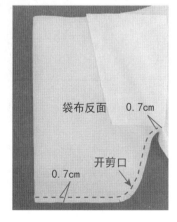
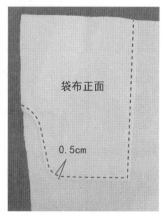

图 3-83 斜插袋缝制步骤七　　图 3-84 斜插袋缝制步骤八

（9）在裤片正面沿袋口边缉距离0.5cm的袋口明线，并分别在距袋口上端3.5cm处与袋口下端封结。见图3-85。

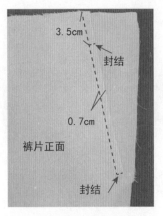

图3-85 斜插袋缝制步骤九

五、月牙形插袋

月牙形插袋效果见图3-86所示。

（1）在面料反面袋口位置黏1cm宽的无纺衬牵条。具体所需部件见图3-87。

（2）将上层袋布与衣身面料正面相对，按1cm缝份缉线，并在弧线位置缝份上开剪口，见图3-88。

（3）将袋布翻至裤片反面后熨烫，袋布与裤片有0.1cm里外容，见图3-89。

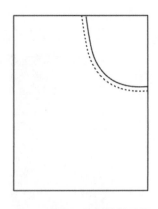

图3-86 月牙形插袋效果图

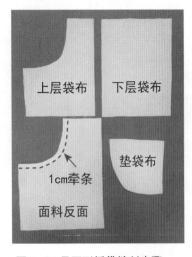

图3-87 月牙形插袋缝制步骤一

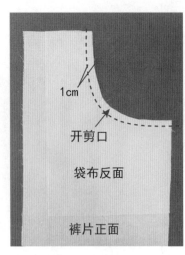

图3-88 月牙形插袋缝制步骤二

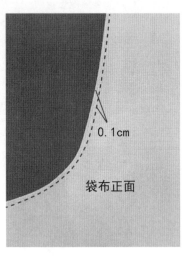

图3-89 月牙形插袋缝制步骤三

（4）在裤片正面袋口位置缉袋口明线，明线距离边缘 1cm，见图 3-90。

（5）将垫袋布与下层袋布正面朝上，沿垫袋布弧线边缘缉距离 0.7cm 的明线，见图 3-91。

（6）袋布面面相对缉线，线迹宽 1cm，见图 3-92。

 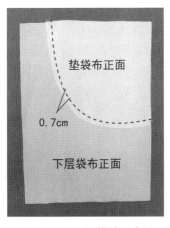 

图 3-90 月牙形插袋缝制步骤四　　　图 3-91 月牙形插袋缝制步骤五　　　图 3-92 月牙形插袋缝制步骤六

（7）将垫袋布翻至正面后熨烫并缉距离 0.7cm 的明线，见图 3-93。口袋正面效果见图 3-94。

 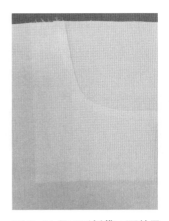

图 3-93 月牙形插袋缝制步骤七　　　图 3-94 月牙形插袋正面效果

六、单牙挖袋

单牙挖袋效果见图 3-95。

（1）在面料反面袋口位置黏 4cm 宽的无纺衬牵条。具体所需部件见图 3-96。

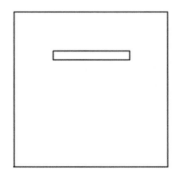 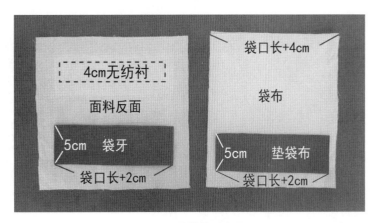

图 3-95 单牙挖袋效果图　　　　　　图 3-96 单牙挖袋缝制步骤一

（2）在面料正面袋口位置画出袋口线，宽为袋牙宽 1.5cm，长度在袋口长度的基础上适当延长。见图 3-97。

（3）在面料反面，将袋布正面朝上并以大针码固定，且左右留出的距离尽量相同。见图 3-98。

（4）将袋牙对折后熨烫，与面料正面袋口线下侧对齐，缉距离 1cm 的线，缉线长度为袋口长。见图 3-99。

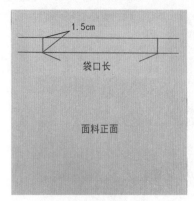 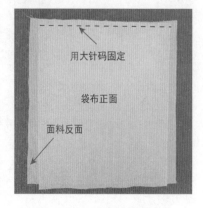 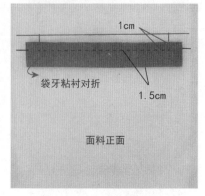

图 3-97 单牙挖袋缝制步骤二　　　图 3-98 单牙挖袋缝制步骤三　　　图 3-99 单牙挖袋缝制步骤四

（5）将垫袋布与面料正面袋口线下侧对齐，缉距离 1cm 的线，缉线长度为袋口长。见图 3-100。

（6）在袋布反面沿两条缉线中间开剪口。见图 3-101。

（7）将袋牙与垫袋布翻至衣身面料反面，将另外一层袋布置于上层袋布下方，确定垫袋布位置，并将垫袋布下侧与下层袋布固定，缉线距离边缘 0.7cm。见图 3-102。

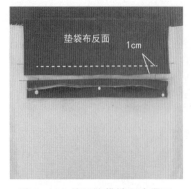  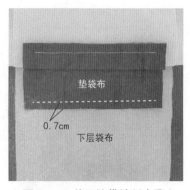

图 3-100 单牙挖袋缝制步骤五　　　图 3-101 单牙挖袋缝制步骤六　　　图 3-102 单牙挖袋缝制步骤七

（8）沿袋布两侧与上侧位置缉线封三角，见图 3-103。

（9）将上下两层袋布对齐，缉线缝合袋布，然后对袋布三周锁边。见图 3-104。

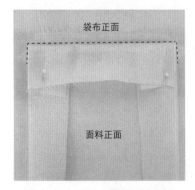  

图 3-103 单牙挖袋缝制步骤八　　　图 3-104 单牙挖袋缝制步骤九

七、双牙挖袋

双牙挖袋效果见图3-105所示。

（1）在面料反面袋口位置黏4cm宽的无纺衬牵条，具体所需部件见图，见图3-106。

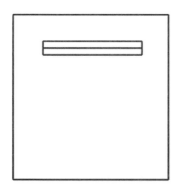

图 3-105 双牙挖袋效果图

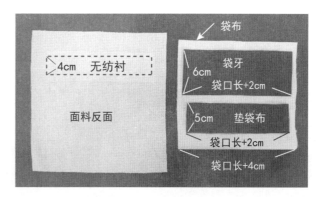

图 3-106 双牙挖袋缝制步骤一

（2）在面料正面袋口位置画出袋口线，宽为2倍袋牙宽度即1cm，长度在袋口长度的基础上适当延长。见图3-107。

（3）在面料反面，将袋布正面朝上并以大针码固定，且左右留出的距离尽量相同。见图3-108。

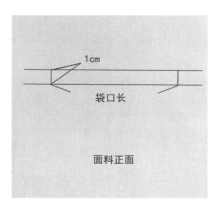

图 3-107 双牙挖袋缝制步骤二

图 3-108 双牙挖袋缝制步骤三

（4）在袋牙反面黏衬并向中心对折熨烫2cm宽，将袋牙中心位置与面料正面袋口线对齐，左右留出距离相等，分别在袋牙上下两侧缉线，缉线距离0.5cm，缉线长度为袋口长度。见图3-109。

（5）沿反面两条缉线中间开剪口，距缉线端1cm处剪三角，剪至缉线根但不要剪断缉线。见图3-110。

（6）将袋牙翻至衣身面料反面，熨烫袋牙。见图3-111。

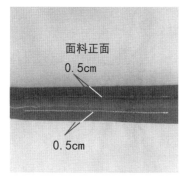

图 3-109 双牙挖袋缝制步骤四

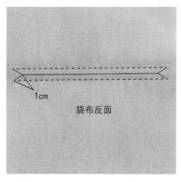

图 3-110 双牙挖袋缝制步骤五

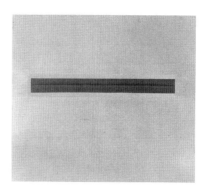

图 3-111 双牙挖袋缝制步骤六

（7）将袋牙下端内侧与上层袋布缝合，缉线距离 0.5cm，见图 3-112。

（8）将垫袋布上侧边按袋口向上 1 ～ 2cm 对应位置放好，垫袋布下侧与袋布缝合，缉线距离 0.5cm。见图 3-113。

（9）将面料掀开，沿两侧三角与袋布上侧缉线固定，缉线距离 0.1cm，三角处反复打倒针。见图 3-114。

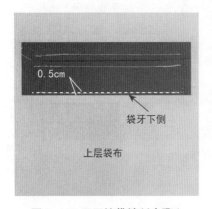 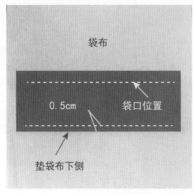 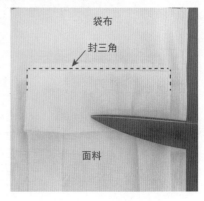

图 3-112 双牙挖袋缝制步骤七　　　图 3-113 双牙挖袋缝制步骤八　　　图 3-114 双牙挖袋缝制步骤九

（10）将袋布正面相对，沿边缘距离 0.7cm 缉线缝合，然后将其翻至正面后熨烫，再在袋布正面缉距离 0.7cm 的明线，见图 3-115。完成的口袋正面效果见图 3-116。

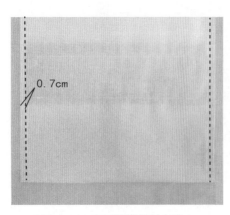 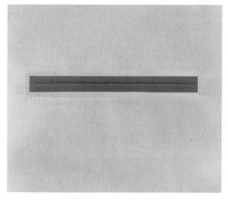 

图 3-115 双牙挖袋缝制步骤十　　　　　图 3-116 双牙挖袋缝制效果

八、侧缝插袋

侧缝插袋效果见图 3-117 所示。

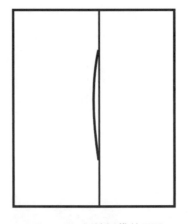

图 3-117 侧缝插袋效果图

（2）在衣身面料反面袋口位置黏 2cm 宽的无纺衬牵条。具体所需部件见图 3-118。

（3）将上层袋布反面与面料正面相对，上下两侧各留出 2cm，然后将袋布与面料缝合，缉线距离边缘 1cm，缉线长度为袋口长；再将垫袋布反面与下层袋布沿垫袋布内侧边缘缝合，缉线距离 0.5cm。距离袋布外侧摆放位置，见图 3-119。

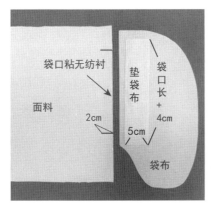

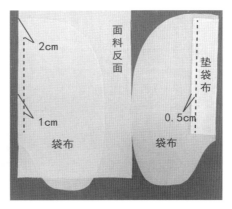

图 3-118 侧缝插袋缝制步骤一　　　　图 3-119 侧缝插袋缝制步骤二

（4）在袋口两侧开 1cm 剪口，剪至缉线根处但不能将缉线剪断，然后将袋口处缝份倒向袋布，并在袋布上缉距离 0.1cm 的明线。见图 3-120、图 3-121。

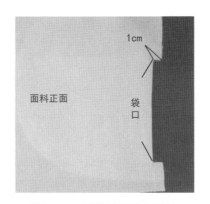

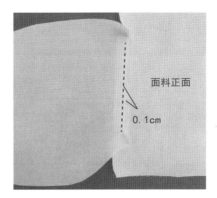

图 3-120 侧缝插袋缝制步骤三　　　　图 3-121 侧缝插袋缝制步骤四

（5）将上下两层袋布沿袋口位置对齐。见图 3-122。

（6）沿袋布外沿缝合，缉线距离 1cm，并将袋布外沿锁边。见图 3-123。

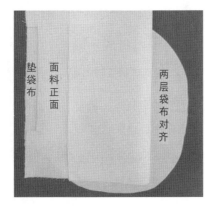

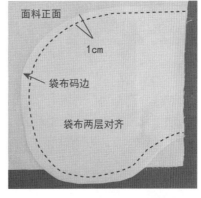

图 3-122 侧缝插袋缝制步骤五　　　　图 3-123 侧缝插袋缝制步骤六

九、大衣板袋

大衣板袋效果见图 3-124 所示。

（1）在面料正面画出袋口位置，袋口长 16cm、宽 2.5cn，见图 3-125。

（2）在面料反面袋口位置黏无纺衬，宽度为 4 ～ 5cm，见图 3-126。

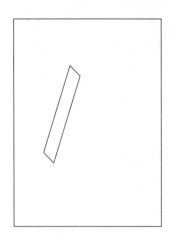
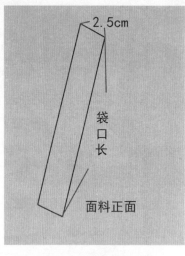
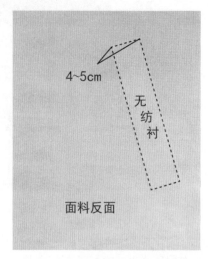

图 3-124 大衣板袋效果图　　图 3-125 大衣板袋缝制步骤一　　图 3-126 大衣板袋缝制步骤二

（3）在袋牙与垫袋布反面黏无纺衬，尺寸见图 3-127。

（4）将袋牙正面朝外对折，并在外侧画出距离边缘 1cm 的缝份线，然后将垫袋布向面料反面扣烫进 1cm，见图 3-128。

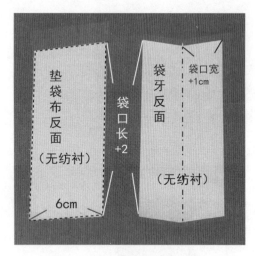
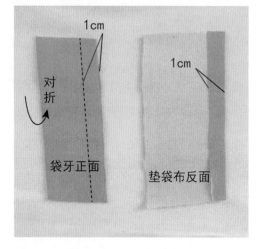

图 3-127 大衣板袋缝制步骤三　　　　图 3-128 大衣板袋缝制步骤四

（5）将垫袋布正面朝上并与外袋布袋口一侧对齐，沿扣净一边缉距离 0.1cm 的明线，见图 3-129。

（6）将袋牙外侧距离边缘 1cm 的画线与袋口线对齐并缝缉，长度为袋口长度，见图 3-130。

（7）将外袋布上口与面料正面袋口外侧线对齐，左右留出相等距离，距边 1cm 缝缉袋布、垫袋布与面料，缉线长度为袋口长，见图 3-131。

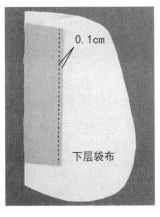
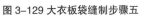

图 3-129 大衣板袋缝制步骤五

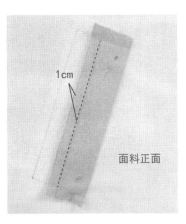

图 3-130 大衣板袋缝制步骤六

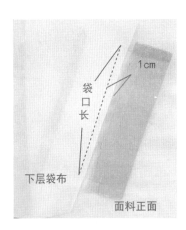

图 3-131 大衣板袋缝制步骤七

（8）沿缉线反面开剪口，然后将袋布与袋牙翻至面料反面并熨烫，见图 3-132。

（9）沿开剪三角处封三角，见图 3-133。

（10）翻开外袋布，将内袋布正面与袋牙正面缝合，然后将袋布放下层，沿着袋牙上的线迹缝合，见图 3-134。

图 3-132 大衣板袋缝制步骤八

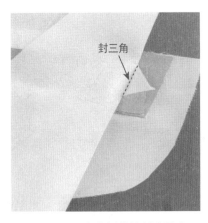

图 3-133 大衣板袋缝制步骤九

图 3-134 大衣板袋缝制步骤十

（11）将两层袋布对齐，沿袋布外侧缝合，线迹距离边缘 0.7cm，见图 3-135。

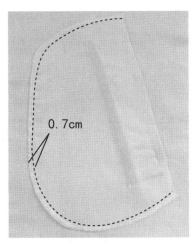

图 3-135 大衣板袋缝制步骤十一

第四章　开衩与拉链缝制工艺

第一节　开衩缝制工艺

一、三角形袖开衩

三角形袖开衩效果见图4-1所示。

三角形袖开衩缝制步骤：

（1）在袖片反面画出袖口折边线，距袖子底边画线1cm。见图4-2。

（2）将袖口向袖片反面扣进1cm，见图4-3。

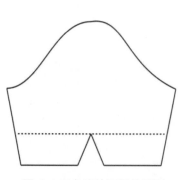

图4-1 三角形袖开衩效果图

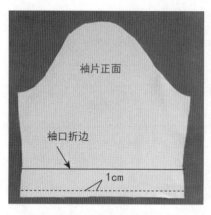

图4-2 三角形袖开衩缝制步骤一

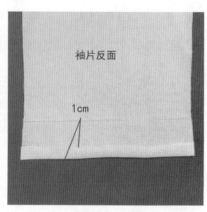

图4-3 三角形袖开衩缝制步骤二

（3）将袖口折边按照净线向袖片反面扣烫，见图4-4。

（4）根据款式需要在袖片反面画出三角形开衩造型，见图4-5。

（5）将袖口折边翻向袖片正面，按照开衩造型线缝缉开衩，在开衩尖端处横一针，见图4-6。

（6）开剪口并修剪缝份。距三角形尖端1cm处开剪口，剪至缉线根但不能把缉线剪断；然后将两边缝份修剪至0.3cm。见图4-7。

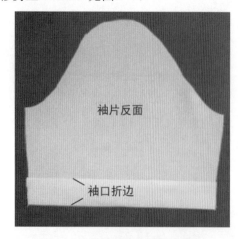

图4-4 三角形袖开衩缝制步骤三

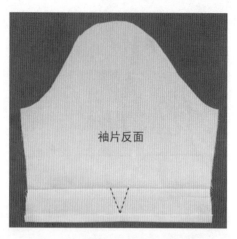

图4-5 三角形袖开衩缝制步骤四

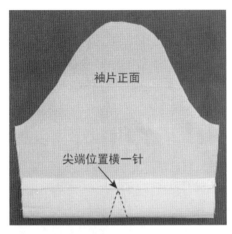

图 4-6 三角形袖开衩缝制步骤五

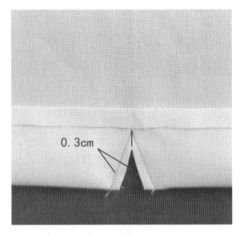

图 4-7 三角形袖开衩缝制步骤六

（7）距反面袖口折边 0.1cm 缝缉袖口明线，见图 4-8。

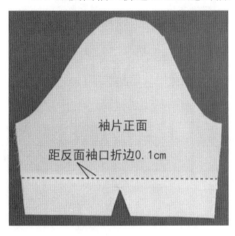

图 4-8 三角形袖开衩缝制步骤七

二、女衬衫袖开衩

女衬衫袖开衩效果见图 4-9 所示。

女衬衫袖开衩缝制步骤：

（1）在袖克夫反面黏无纺衬后，将袖克夫对折熨烫，并在毛边一侧画距离 1cm 的线。见图 4-10。

（2）沿画线向反面扣烫袖克夫，见图 4-11。

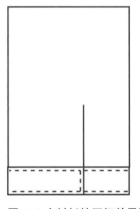

图 4-9 女衬衫袖开衩效果图

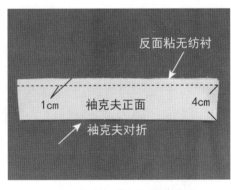

图 4-10 女衬衫袖开衩缝制步骤一

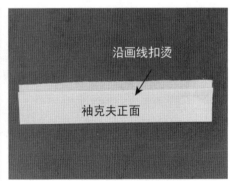

图 4-11 女衬衫袖开衩缝制步骤二

（3）将下侧袖克夫向上反转扣烫，并包住上侧袖克夫。见图4-12。

（4）在面料袖口处画出袖开衩位置，袖开衩长度为a，然后剪开袖开衩部位，见图4-13所示。袖衩条尺寸见图4-14。

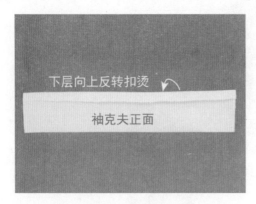

图4-12 女衬衫袖开衩缝制步骤三

图4-13 女衬衫袖开衩缝制步骤四

图4-14 女衬衫袖开衩缝制步骤五

（5）将袖衩条沿两侧向中间分别扣烫1cm，然后对折扣烫，下侧略大于上侧0.1cm，略大的一侧是袖衩反面。见图4-15、图4-16。

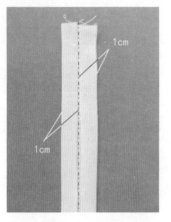

图4-15 女衬衫袖开衩缝制步骤六

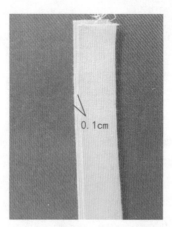

图4-16 女衬衫袖开衩缝制步骤七

（6）将袖衩条较大的一面置于下层，与袖片上开衩部位面料反面相对，然后将袖片上开衩部位衣片置于袖衩条两层之间，叠合约0.3cm。见图4-17。

（7）将三层一起，在袖衩条正面沿边缝缉距离0.1cm的明线。见图4-18。

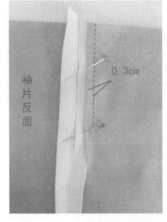

图4-17 女衬衫袖开衩缝制步骤八

图4-18 女衬衫袖开衩缝制步骤九

（8）在开衩拐角处将开衩缝份折叠 0.2cm 并缝缉。图 4-19。

（9）将袖衩翻至袖片反面，沿开衩对折处画 45°斜线，缝缉固定开衩三角，见图 4-20。正面效果见图 4-21。

（10）缝合前后袖缝，将缝份倒向后袖并熨烫，见图 4-22。

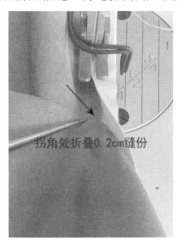

图 4-19 女衬衫袖开衩缝制步骤十

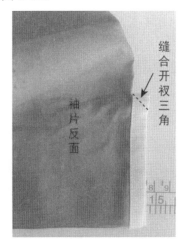

图 4-20 女衬衫袖开衩缝制步骤十一

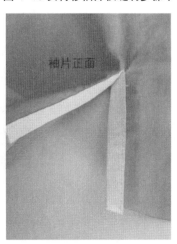

图 4-21 女衬衫袖开衩缝制步骤十二

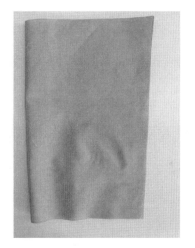

图 4-22 女衬衫袖开衩缝制步骤十三

（11）将袖克夫正面相对，沿两侧缝缉，缝份为 1cm，然后修剪缝份至 0.5cm 后将其翻至正面并熨烫。见图 4-23。

（12）在袖开衩底部左右做对位点，将开衩条缝份 1cm 夹在两层袖克夫中间。见图 4-24。

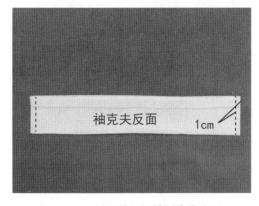

图 4-23 女衬衫袖开衩缝制步骤十四

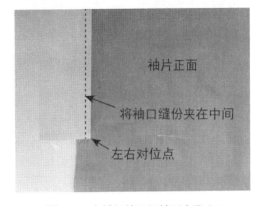

图 4-24 女衬衫袖开衩缝制步骤十五

（13）在袖克夫正面缉距离 0.1cm 的明线，见图 4-25。

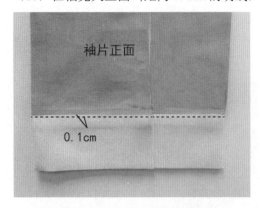

图 4-25 女衬衫袖开衩缝制步骤十六

三、西服袖开衩

西服袖开衩效果见图 4-26 所示。

西服袖开衩缝制步骤：

（1）分别在大、小袖片反面袖开衩与袖口位置黏无纺衬。见图 4-27。

（2）将袖口折边、大袖衩分别按净线向袖片反面扣烫，在大袖开衩与袖口折边相交处画出对位点 A 的位置。见图 4-28。

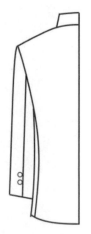

图 4-26 西服袖开衩效果图

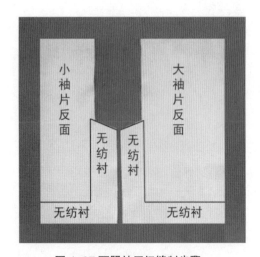

图 4-27 西服袖开衩缝制步骤一

图 4-28 西服袖开衩缝制步骤二

（3）在大袖片反面画线连接两个对位点，画线必须经过图中对位点 B。见图 4-29。

（4）将大袖片正面相对，使对位点 A 重合，缝合线段 AB，距离料边缘留出 1cm 不缝。见图 4-30。

（5）将缝份修剪至 0.3cm，然后翻至正面并熨烫。见图 4-31。

（6）将小袖袖口折边按净线向反面扣烫，沿开衩处缝缉，缉至距边 1cm 处。见图 4-32。

（7）将大、小袖片正面相对，缝缉后袖缝至开衩缝合止点。见图 4-33。

（8）在小袖反面袖衩缝份处开剪口，然后劈缝熨烫（分烫缝份）。见图 4-34。

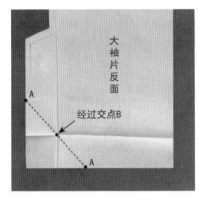

图 4-29 西服袖开衩缝制步骤三

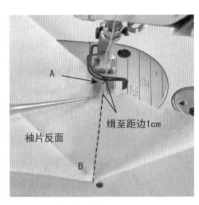

图 4-30 西服袖开衩缝制步骤四

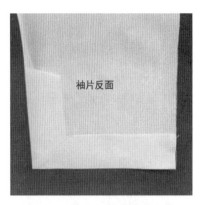

图 4-31 西服袖开衩缝制步骤三

图 4-32 西服袖开衩缝制步骤四

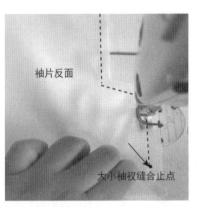

图 4-33 西服袖开衩缝制步骤五

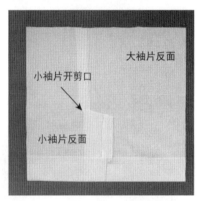

图 4-34 西服袖开衩缝制步骤六

（9）将大、小袖片里正面相对，缝缉袖缝，倒缝熨烫。见图 4-35。

（10）将大、小袖片里正面相对，缝缉前袖缝，劈缝熨烫。见图 4-36。

图 4-35 西服袖开衩缝制步骤七

图 4-36 西服袖开衩缝制步骤八

（11）将面料与里子袖口处正面相对，且袖缝对齐，以 1cm 缝份缝缉。见图 4-37。

（12）将袖里子袖口处熨烫至袖面料向上 2～3cm。见图 4-38。

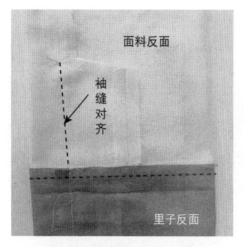

图 4-37 西服袖开衩缝制步骤九　　　　图 4-38 西服袖开衩缝制步骤十

（13）正面效果见图 4-39。

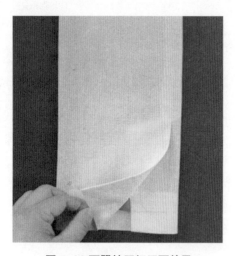

图 4-39 西服袖开衩正面效果

四、西服后开衩

西服后开衩效果见图 4-40 所示。

缝制步骤：

（1）在面料反面开衩和底摆位置黏无纺衬，并画出开衩宽与底摆折边。见图 4-41。

（2）将面料正面相对，沿后中线与开衩缝缉，缉至距边 1cm。见图 4-42。

（3）在右片反面拐角位置开剪口并劈缝熨烫。见图 4-43。

（4）扣烫底摆折边与开衩，画出对位点 A。见图 4-44。

（5）在左片反面将对位点连接画线，且经过开衩与底摆的交点 B。见图 4-45。

（6）将开衩与底摆对位点 A 重叠，缝缉至距 A 点 1cm 处。见图 4-46。

（7）将缝份修剪至 0.5cm，翻至正面后熨烫。见图 4-47。

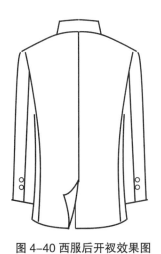

图 4-40 西服后开衩效果图

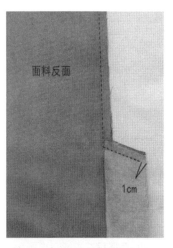

图 4-41 西服后开衩缝制步骤一

图 4-42 西服后开衩缝制步骤二

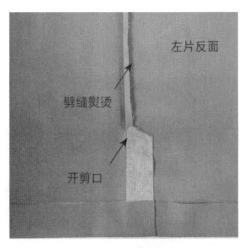

图 4-43 西服后开衩缝制步骤三

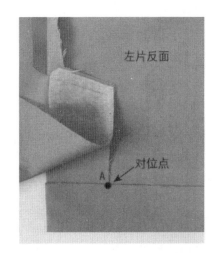

图 4-44 西服后开衩缝制步骤四

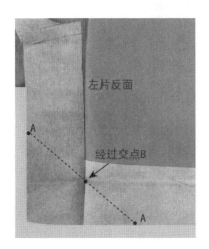

图 4-45 西服后开衩缝制步骤五

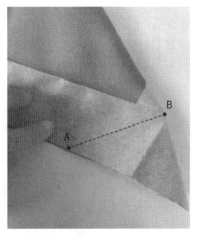

图 4-46 西服后开衩缝制步骤六

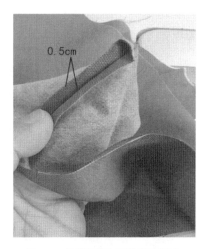

图 4-47 西服后开衩缝制步骤七

（8）将左、右里子正面相对缝缉至开衩净线位置 A 点。见图 4-48。

（9）将机针插入 A 点，在左片里拐角处开剪口，将里料开衩斜边对齐并缉至开衩净线位置，然后翻至正面后熨烫。见图 4-49、图 4-50。

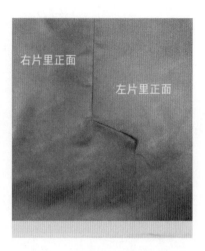

图4-48 西服后开衩缝制步骤八　　　图4-49 西服后开衩缝制步骤九　　　图4-50 西服后开衩缝制步骤十

（10）将左、右片面料与里料底摆正面相对缝缉。见图4-51。

（11）将右片开衩面料与里料上端对齐并缝缉，下端沿底摆折边对折，多余里料夹在中间。见图4-52。

（12）在左片开衩里拐角处开剪口，将左片开衩面料与里料上端对齐并缝缉至点A位置。见图4-53、图4-54。

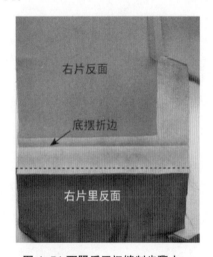

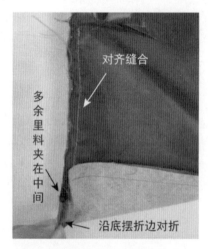

图4-51 西服后开衩缝制步骤十一　　　　　图4-52 西服后开衩缝制步骤十二

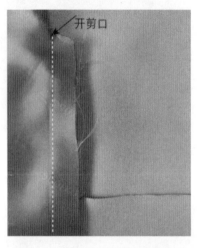

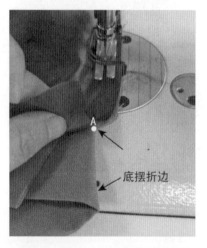

图4-53 西服后开衩缝制步骤十三　　　　　图4-54 西服后开衩缝制步骤十四

（13）将左片面料与里料底摆正面相对缝缉，然后将其翻至正面后熨烫。见图 4-55。

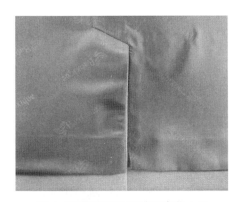

图 4-55 西服后开衩缝制步骤十五

五、裙子后开衩

裙子后开衩效果见图 4-56 所示。

裙子后开衩缝制步骤：

（1）在面料反面沿裙子后中缝缝缉至开衩位置。见图 4-57。

（2）在面料反面右裙片开衩缝份处开剪口，并劈缝熨烫。见图 4-58。

（3）将底摆折边先扣净 1cm 后，沿底摆净线扣烫。见图 4-59。

（4）沿底摆折边缝缉距离 0.1cm 的明线。见图 4-60。

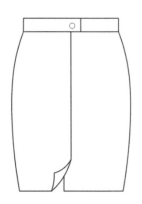

图 4-56 裙子后开衩效果图

图 4-57 裙子后开衩缝制步骤一

图 4-58 裙子后开衩缝制步骤二

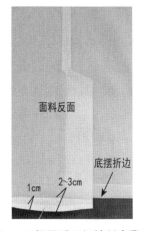

图 4-59 裙子后开衩缝制步骤三

图 4-60 裙子后开衩缝制步骤四

六、宝箭头贴边开衩

宝箭头贴边开衩效果见图 4-61 所示。

缝制步骤：

（1）在面料反面沿净线缝缉至开衩位置。见图 4-62。

（2）将开衩条熨烫为 2cm 宽，沿开衩条中间对折，开衩条下侧与缉线对齐，然后将开衩条反面与面料缉线重合，固定开衩条。见图 4-63。

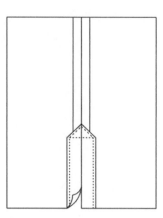

图 4-61 宝箭头贴边开衩效果图

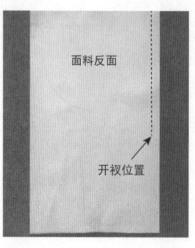

图 4-62 宝箭头贴边开衩缝制步骤一

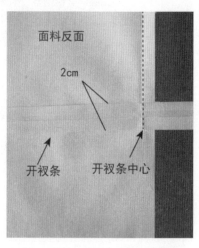

图 4-63 宝箭头贴边开衩缝制步骤二

（3）将缝份开剪口，两侧开衩条先后向下翻折，并从开衩位置起与面料正面沿边缉距离 0.1cm 的明线。见图 4-64。

（4）将开衩条翻至面料反面，沿边缉距离 0.1cm 的明线。见图 4-65。

（5）正面效果见图 4-66。

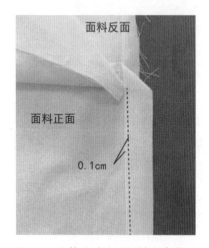

图 4-64 宝箭头贴边开衩缝制步骤三

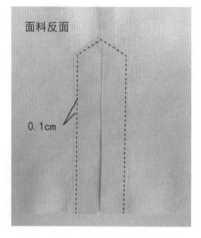

图 4-65 宝箭头贴边开衩缝制步骤四

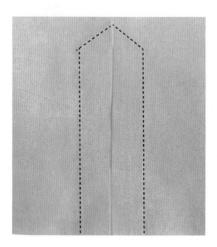

图 4-66 宝箭头贴边开衩正面效果

七、宝箭头袖开衩

宝箭头袖开衩效果见图 4-67 所示。

缝制步骤：

（1）在大片袖开衩反面黏衬。具体尺寸见图 4-68。

（2）在袖身面料正面画出开衩位置；距离开衩顶端 1cm 处开剪口。见图 4-69。

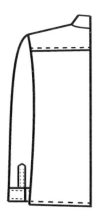

图 4-67 宝箭头袖开衩效果图

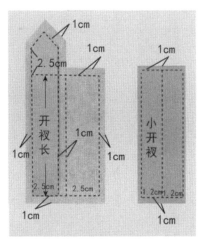

图 4-68 宝箭头袖开衩缝制步骤一

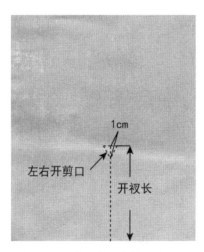

图 4-69 宝箭头袖开衩缝制步骤二

（3）熨烫大、小袖衩条。见图 4-70。

（4）将小片袖衩夹住袖子小袖一侧的袖衩处面料，较宽的一面置于下层。见图 4-71。

（5）沿开衩条上层外侧缉距离 0.1cm 的明线，缉至开衩长位置。见图 4-72。

（6）将小袖衩与三角翻至面料反面，封三角。见图 4-73。

（7）将面料夹在大衩上下两层之间，缝缉袖衩明线。见图 4-74、图 4-75。

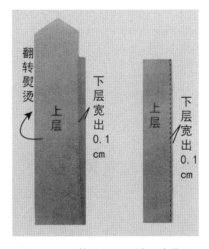

图 4-70 宝箭头袖开衩缝制步骤三

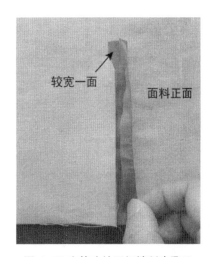

图 4-71 宝箭头袖开衩缝制步骤四

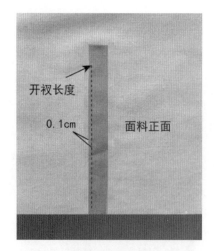

图 4-72 宝箭头袖开衩缝制步骤五

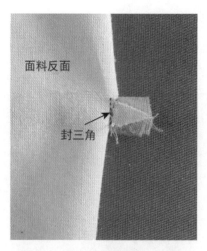

图 4-73 宝箭头袖开衩缝制步骤六

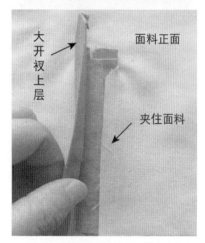

图 4-74 宝箭头袖开衩缝制步骤七

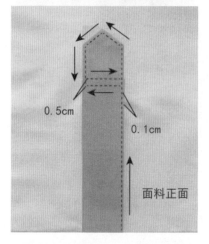

图 4-75 宝箭头袖开衩缝制步骤八

第二节　拉链缝制工艺

一、裤门襟拉链

裤门襟拉链效果见图 4-76 所示。

裤门襟拉链缝制步骤：

（1）在裤片门襟与里襟反面黏无纺衬。见图 4-77。

（2）将拉链上端与裤腰上端对齐，在下侧金属环向上 1cm 处做标记点，见图 4-78。

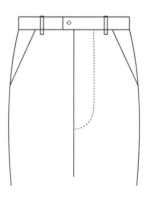

图 4-76 裤门襟拉链效果图

图 4-77 裤门襟拉链缝制步骤一

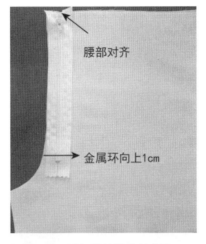

图 4-78 裤门襟拉链缝制步骤二

（3）将门襟正面与左裤片正面相对并沿边距离 0.8cm 缝缉，缉至裆弯缝合处。见图 4-79。

（4）将缝份倒向门襟，在门襟上沿边缉距离 0.1cm 的明线。见图 4-80。

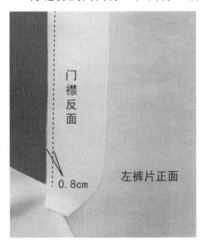

图 4-79 裤门襟拉链缝制步骤三

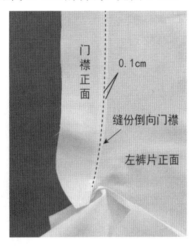

图 4-80 裤门襟拉链缝制步骤四

（5）将裤片正面相对，沿裆弯向上 1cm 处缝缉，缉至金属环向上 1cm 处。见图 4-81。

（6）将右裤片反面里襟处缝份扣烫进 0.6cm，见图 4-82。

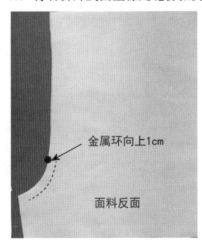

图 4-81 裤门襟拉链缝制步骤五

图 4-82 裤门襟拉链缝制步骤六

（7）将拉链正面朝下且与门襟正面相对，拉链齿距离门襟边缘 0.7 ～ 1cm，沿拉链齿缉距离 0.5cm 的明线。见图 4-83。

（8）将里襟对折后熨烫，然后将拉链与里襟毛边处对齐并用大针码固定。见图4-84。

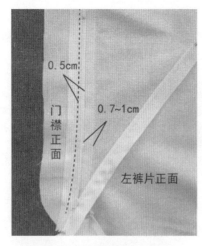

图4-83 裤门襟拉链缝制步骤七　　　　　图4-84 裤门襟拉链缝制步骤八

（9）将右裤片与拉链里襟对齐，沿裤片边缘缉距离0.1cm的明线，缉线下部距离裆弯缝合处约0.3cm。见图4-85、图4-86。

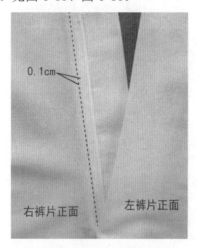
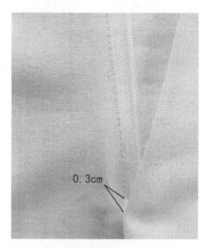

图4-85 裤门襟拉链缝制步骤九　　　　　图4-86 裤门襟拉链缝制步骤十

（10）缉门襟明线。起始时将拉链拉开以防止将里襟缉上，缉至拐弯位置时将针压在面料里，抬起压脚并将拉链拉上，将门、里襟一同缝缉。见图4-87。

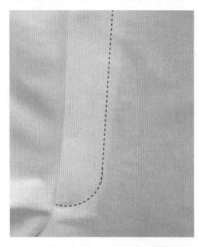

图4-87 裤门襟拉链缝制步骤十一

二、裙子拉链

裙子拉链效果见图 4-88 所示。

裙子拉链缝制步骤：

（1）将裙片后面正面相对缉后中缝，从拉链金属环向上 1cm 位置开始向下缉，上部绱拉链位置不缝合，劈缝熨烫。见图 4-89、图 4-90。

（2）将裙片正面朝上，拉链齿与面料边缘对齐，沿边缉一圈距离 1cm 的明线。左右两侧方法相同。见图 4-91、图 4-92。

（3）最终缝缉效果见图 4-93。

图 4-88 裙子拉链效果图

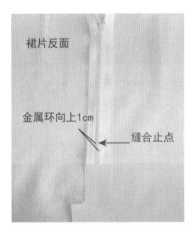

图 4-89 裙子拉链缝制步骤一

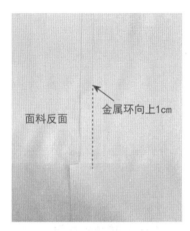

图 4-90 裙子拉链缝制步骤二

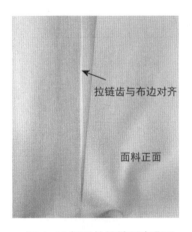

图 4-91 裙子拉链缝制步骤三

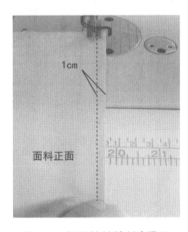

图 4-92 裙子拉链缝制步骤四

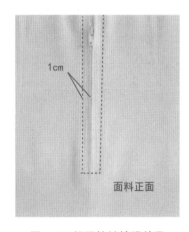

图 4-93 裙子拉链缝缉效果

第五章　服装整件缝制工艺

第一节　西服裙缝制工艺

一、款式介绍

（一）平面款式图

见图5-1。

（二）款式特征

西服裙又称一步裙、筒裙或直身裙。其特点是裙身腰口处设有锥形省，后中心设有分割线，上端装拉链，下端设有开衩。直身裙的开衩是暗衩，结构上应设计衩布；侧缝可以依造型来设计结构，可以向内收、也可以是垂线，还可以向外放。

正面　反面

图 5-1 西服裙平面款式图

二、平面结构制图

（一）成品规格表

见表5-1。

表 5-1 西服裙成品规格设计　　单位：cm

号型	身高（G）	裙长（L）	腰围(W)	臀围(H)
160/66A	160	56	68	90

（二）平面结构制图

见图5-2。

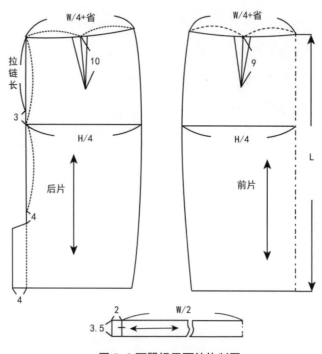

图 5-2 西服裙平面结构制图

三、缝份加放与排料

（一）缝份加放

腰面和腰里连裁并放缝份 1cm，裙底边放缝份 3.5cm，其余放缝份 1cm。

（二）排料图

见图 5-3。面料幅宽 114cm；对折排料，用料 78cm。计算公式：裙腰长 +10cm（一般用料计算公式为"裙长 +10cm"）。 本款裙长较短，所以采用裙腰长度。

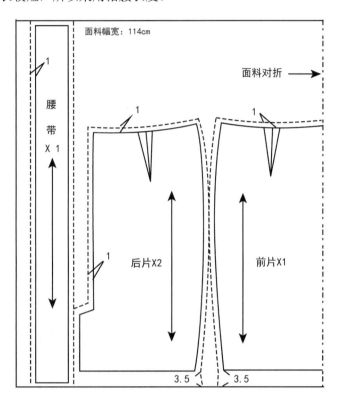

图 5-3 西服裙缝份加放与排料

四、缝制工艺流程

见图 5-4。

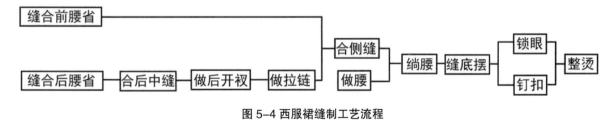

图 5-4 西服裙缝制工艺流程

五、缝制过程

（一）黏衬、锁边

黏衬部位：腰带、后片开衩部位、后片绱拉链部位。

锁边部位：除腰带、前 / 后裙片腰围线外均需锁边。

（二）缝制

（1）缝合前 / 后腰省，首尾打倒针，并使省倒向中缝后熨烫。见图 5-5、图 5-6。

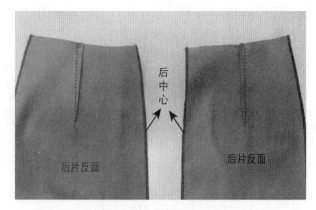

图 5-5 西服裙缝制步骤一（前腰省）　　　　图 5-6 缝合后腰省西服裙缝制步骤一（后腰省）

（2）合后中缝。将左／右后裙片正面相对，从拉链止口开始机缝至开衩止点，然后打倒针并劈缝熨烫。见图 5-7。

（3）做后开衩。见第四章中裙子后开衩。见图 5-8。

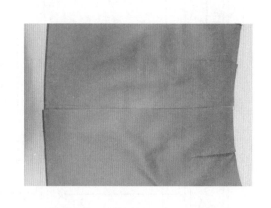

　　图 5-7 西服裙缝制步骤二　　　　　　　图 5-8 西服裙缝制步骤三

（4）绱拉链。见第四章中裙子拉链。见图 5-9。

（5）合侧缝。将前／后裙片正面相对缝缉，缝份 1cm。见图 5-10。

（6）劈缝熨烫。见图 5-11。

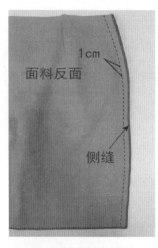

图 5-9 西服裙缝制步骤四　　　图 5-10 西服裙缝制步骤五　　　图 5-11 西服裙缝制步骤六

（7）做裙腰。在裙腰反面黏衬，然后将正面朝上，沿中心对折并熨烫，扣净腰面后将腰里向上包住腰面进行扣烫。见图5-12、图5-13。

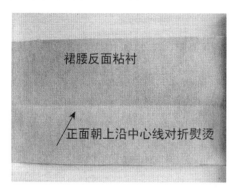

图 5-12 西服裙缝制步骤七（1）

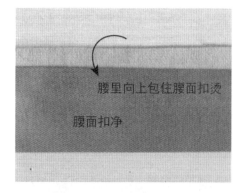

图 5-13 西服裙缝制步骤七（2）

（8）将腰面与裙腰正面相对，以1cm缝份缝缉。见图5-14。

（9）根据腰宽反向折转腰头，将腰头两端封口。见图5-15。

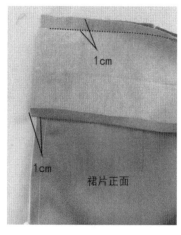

图 5-14 西服裙缝制步骤八

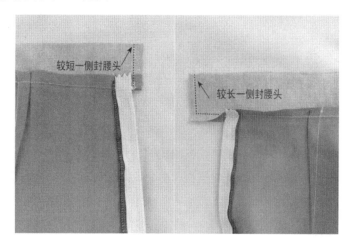

图 5-15 西服裙缝制步骤九

（10）将腰里向正面翻出并摆平，然后沿腰面缉距离0.2cm的明线。见图5-16。

（11）做底摆。将底摆扣烫3.5cm，用三角针固定，针距0.8～1cm。见图5-17。

（12）锁眼钉扣。后腰门襟居中横锁扣眼一个，后腰腰头里襟对应位置钉纽扣。见图5-18。

图 5-16 西服裙缝制步骤十

图 5-17 西服裙缝制步骤十一

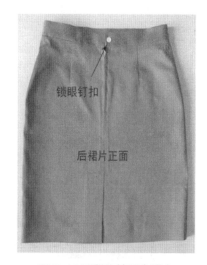

图 5-18 西服裙缝制步骤十二

（13）成品效果见图 5-19。

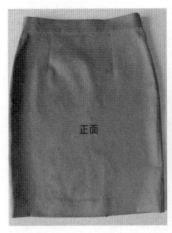

5-19 西服裙成品效果

（三）整烫图

1. 整烫顺序

见图 5-20。

图 5-20 西服裙整烫图

2. 整烫技术要领及要求

（1）正面熨烫加盖烫布，喷水烫平。

（2）使熨斗直上直下地熨烫，防止裙片变形。

（3）黏合衬的部位（如腰头等）要坚挺、伏贴。

（4）应当烫实的部位（如底摆、腰头等）要充分熨烫，要烫平、烫实，有持久性。

（5）衣身表面无褶皱，无凹凸不平，无烫黄、变色、极光。

六、质检要求

（一）西服裙外型检验

见表 5-2。

表 5-2 西服裙外型检验

序号	外型要求
1	裙腰顺直、伏贴，左右宽窄一致，缉线顺直，不吐止口
2	前 / 后省距离、大小、左右相同，前 / 后腰身大小、左右相同
3	纽扣与扣眼位置准确；拉链要松紧适宜，伏贴，不外露
4	侧缝顺直，松紧适宜，吃势均匀
5	裙摆折边顺直、伏贴，缲边牢固、无外露
6	后衩伏贴，无搅豁，里外长短一致

（二）西服裙缝制检验

见表 5-3。

表 5-3 西服裙缝制检验

序号	缝制要求
1	面料丝缕和倒顺毛面料顺向一致，图案花型配合相适宜
2	面料与黏合衬黏合而不脱胶、不渗胶，不引起面料变色、皱缩
3	钉扣平挺，结实牢固，不外露。纽扣与扣眼位置、大小配合相适宜
4	机缝牢固、平整，宽窄适宜
5	各部位线路清晰、顺直，针迹密度一致
6	针迹密度：明线不少于 14 针 /3cm，暗线不少于 13 针 /3cm，手缝针不少于 7 针 /3cm，锁眼不少于 8 针 /1cm

（三）西服裙规格检验

见表 5-4。

表 5-4 西服裙规格检验

序号	测量部位	测量方法	极限偏差 (cm)
1	裙长	沿侧缝，由腰上端量至底摆	±1.0
2	后中长	沿后中线，由腰上端量至底摆	±1.0
3	腰围	扣好裙钩（纽扣）后，沿腰宽中线，从左至右横量（周围计算）	±1.5
4	臀围	沿臀围位置（由上而下，上裆长的 2/3 处），从左至右横量（周围计算）	±2.0
5	裙摆围	沿裙摆围量一周	±2.0

第二节 男西裤缝制工艺

一、款式介绍

（一）平面款式图

见图 5-21。

（二）款式特征

该款式为方形腰头，裆带 5 个；前片左右各两个褶裥，前面左右各一个斜插袋；后片左右各两个省道，省尖处设双牙挖袋；前片绱裤门襟拉链。

二、平面结构制图

（一）成品规格表

见表 5-5。

表 5-5 男西裤成品规格设计 （单位：cm）

号型	裤长（L）	腰围 (W)	臀围 (H)	上裆	脚口宽
170/74A	104	76	104	30	23

（二）平面结构制图

见图 5-22。

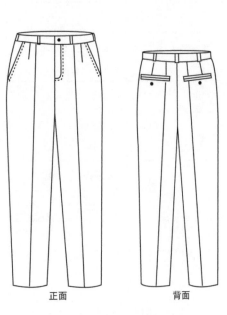

图 5-21 男西裤平面款式图

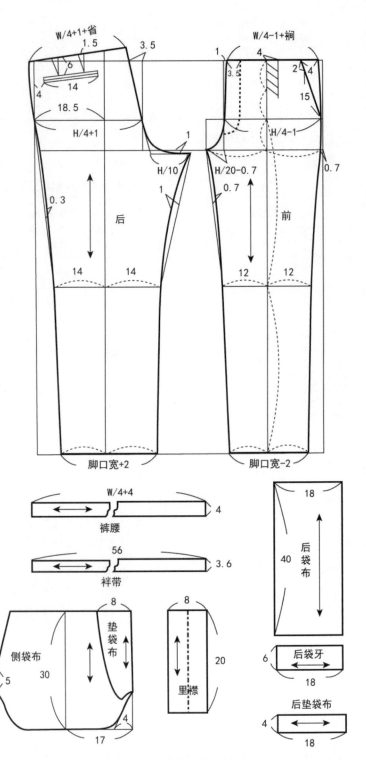

图 5-22 男西裤平面结构图

三、缝份加放与排料

（一）缝份加放

腰面和腰里连裁并放缝份 1cm，脚口底边放缝份 3.5cm，其余放缝份 1cm。

（二）排料图

见图 5-23。面料幅宽 114cm，对折排料，用料 110cm。 计算公式：裤长 +5cm。

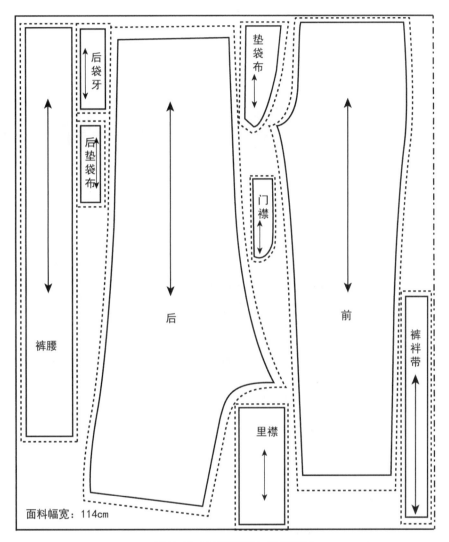

图 5-23 男西裤缝份加放与排料

四、缝制工艺流程

见图 5-24。

图 5-24 男西裤缝制工艺流程

五、缝制过程

（一）黏衬、锁边

黏衬部位：裤腰、前后袋口、后袋牙、门襟、里襟。

锁边部位：前后裤片腰围线外、后袋牙及后垫袋布下口、门襟、里襟、前垫袋布均需锁边。

（二）缝制

（1）在后片反面袋口处黏 4cm 宽无纺衬；缝合后腰省，在首尾打倒针，并将其倒向后中熨烫。见图 5-25。

（2）做后袋。见第三章中双牙挖袋。见图 5-26。

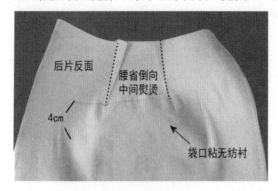 

图 5-25 男西裤缝制步骤一　　　　　　图 5-26 男西裤缝制步骤二

（3）熨烫后裤中线。将后裤片脚口处正面朝上对折后开始熨烫，熨烫至袋布下侧。见图 5-27。

图 5-27 男西裤缝制步骤三

（4）做前侧袋，见第三章中男西裤斜插袋。见图 5-28。

（5）缉前裤片褶裥，熨烫前裤中线。见图 5-29。

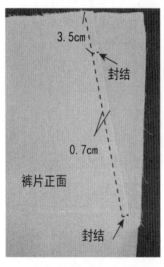 

图 5-28 男西裤缝制步骤四　　　　　　图 5-29 男西裤缝制步骤五

（6）做门襟拉链。见第四章裤门襟拉链。见图 5-30。

（7）合侧缝、下裆缝。缝份为 1cm，缉好后劈缝熨烫，见图 5-31。

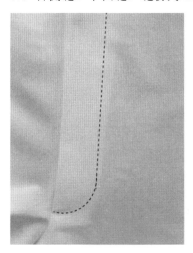

图 5-30 男西裤缝制步骤六　　　　　　　图 5-31 男西裤缝制步骤七

（8）合前／后中缝，缝份为 1cm；缝缉好后劈缝熨烫。见图 5-32。

（9）熨祥带。祥带宽 3.5cm，两边扣净 0.7cm 后，将正面朝上对折并熨烫，祥带两侧沿边缉距离 0.1cm 的明线。见图 5-33。

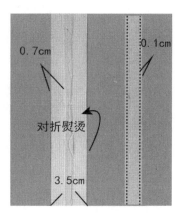

图 5-32 男西裤缝制步骤八　　　　　　　图 5-33 男西裤缝制步骤九

（10）固定祥带。将祥带与腰线上侧对齐，以大针码固定祥带，其位置为左右前片褶裥、后中缝以及两者之间的中点，见图 5-34。

（11）做裤腰。熨烫裤腰，方法同裙装缝制中裙腰熨烫。将两侧腰面分别与左右裤片正面相对缝缉，缝份 1cm，两端均留出 1cm 不缉，见图 5-35。

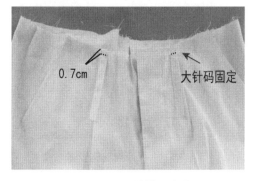

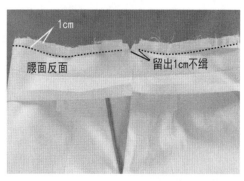

图 5-34 男西裤缝制步骤十　　　　　　　图 5-35 男西裤缝制步骤十一

（12）分别将左／右腰头止口反向折转并缝缉合，缝份 1cm。见图 5-36。

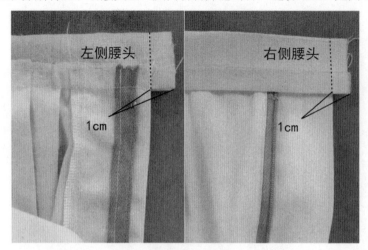

图 5-36 男西裤缝制步骤十二

（13）缉腰部明线。将裤腰翻转至正面，沿裤腰下口缉明线，见图 5-37。

（14）缝合袢带。沿裤腰向下 0.7cm 打倒针固定袢带与裤片，然后将袢带向上折转，向内扣进 0.8cm，并打倒针与裤腰缝合。见图 5-38。

图 5-37 男西裤缝制步骤十三

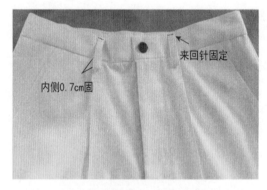

图 5-38 男西裤缝制步骤十四

（15）锁眼钉扣。见图 5-39。

（16）缲裤脚口。将脚口向反面扣烫 3.5cm 折边，然后用三角针法缲裤脚边。见图 5-40。

图 5-39 男西裤缝制步骤十五

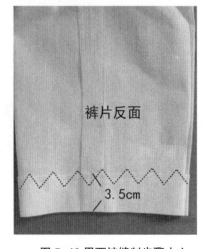

图 5-40 男西裤缝制步骤十六

（17）成品效果见图 5-41。

正面　　背面

（三）整烫图

1. 整烫顺序

见图 5-42。

腰头 → 前褶裥 → 侧袋 → 后省 → 后袋 → 脚口 → 侧缝、裆缝、裤中线

图 5-42 男西裤整烫图

2. 整烫技术要领及要求

（1）正面熨烫加盖烫布，喷水烫平。

（2）根据不同部位，借用布馒头、铁凳等工具熨烫。

（3）黏衬的部位（如腰头等）要坚挺、伏贴。

（4）应当烫实的部位（如底摆等）要熨烫充分，有持久性。

（5）裤身表面无褶皱，无凹凸不平，无烫黄、变色、极光。

（6）裤成型后要与人体体型相符合。

六、质检要求

（一）男西裤外型检验

见表 5-6。

表 5-6 男西裤外型检验

序号	外型要求	序号	外型要求
1	裤腰顺直、伏贴，左右宽窄一致；缉线要顺直，不吐止口	6	左右裤脚长短、大小一致，前后挺缝线丝缕正直；侧缝与下裆缝、中裆以下须对准
2	串带部位准确、牢固、松紧适宜	7	缝线顺直，松紧适宜；袋口伏贴，封口牢固，斜袋垫布须对格对条

3	前身褶裥及后省距离、大小、左右相同，前/后腰身大小、左右相同	8	后袋部位准确，左右相同，袋牙宽窄一致；封口四角清晰，套结牢固
4	门/里襟封口伏贴、牢固，缉线顺直、清晰	9	下裆缝顺直，无吊紧；后裆缝松紧一致，十字缝要对准
5	门/里襟长短一致，门襟表面平整		

（二）男西裤缝制检验

见表 5-7。

表 5-7 男西裤缝制检验

序号	缝制要求
1	面料丝缕和倒顺毛原料顺向一致，图案花型配合相适宜
2	面料与黏合衬黏合而不脱胶、不渗胶，不引起面料变色、皱缩
3	钉扣平挺，结实牢固，不外露。纽扣与扣眼位置、大小配合相适宜
4	机缝牢固、平整，宽窄适宜
5	各部位线路清晰、顺直，针迹密度一致
6	针迹密度：明线不少于 14 针 /3cm，暗线不少于 13 针 /3cm，手缝针不少于 7 针 Bcm，锁眼不少于 8 针 /1cm

（三）男西裤规格检验

见表 5-8。

表 5-8 男西裤规格检验

序号	测量部位	测量方法	极限偏差 (cm)
1	裤长	由腰部上端沿侧缝量至裤脚口边	±1.5
2	下裆长	由裆底十字缝交叉点沿下裆缝量至裤脚口边	±1.0
3	腰围	扣好裤钩或纽扣后，沿腰宽中线横量（周围计算）	±1.5
4	臀围	在臀部位置（由上而下在上裆的 2/3 处），从左至右横量（周围计算）	±2.5
5	裤脚口围	平放裤脚口，然后沿裤脚口从左至右横量（周围计算）	±1.0

（四）男西裤对条对格检验

见表 5-9。

表 5-9 男西裤对条对格检验

序号	部位名称	对条对格互差 (cm)
1	前/后裆缝	条料对条、格料对横，互差不大于 0.4
2	袋盖与后身	条料对条、格料对横，互差不大于 0.3

（五）男西裤对称部位检验

见表 5-10。

表 5-10　男西裤对称部位检验

序号	对称部位	极限互差（cm）
1	裤脚（大小、长短）	0.5
2	裤脚口（大小）	0.5
3	口袋（大小、进出、高低）	0.4

第三节　女衬衫缝制工艺

一、款式介绍

（一）平面款式图

见图 5-43。

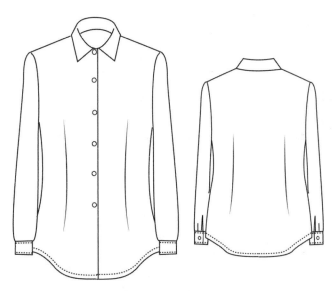

图 5-43 女衬衫平面款式图

（二）款式特征

该款式为女式衬衫基本款。方形小翻领；6 粒扣；前、后片有腰省；下摆为圆底摆；一片袖，绱袖。

二、平面结构制图

（一）成品规格表

见表 5-11。

表 5-11 女衬衫成品规格设计　　单位：cm

号型	衣长（L）	胸围（B）	领围（N）	肩宽（S）	袖长（SL）
160/84A	64	96	38	39	56

（二）平面结构制图

见图 5-44。

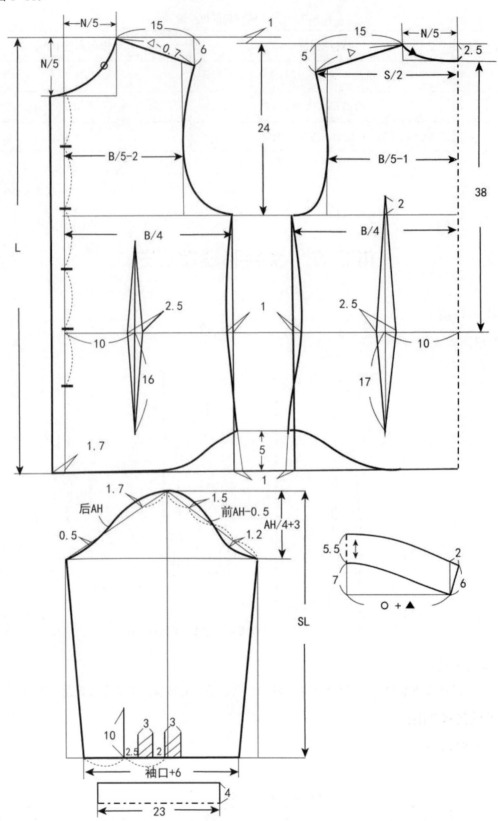

图 5-44 女衬衫平面结构图

三、缝份加放与排料

（一）缝份加放

底边放缝份 1.5cm，其余部位放缝份 1cm。

（二）排料图

见图 5-45。面料幅宽 125cm；对折排料，用料 110cm。 计算公式：衣长 + 袖长 +5cm。

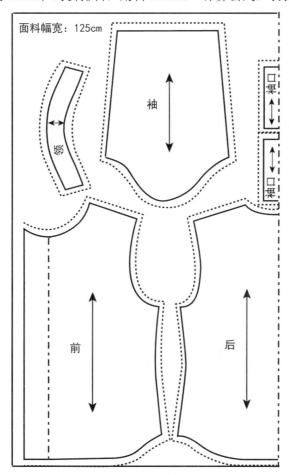

图 5-45 女衬衫缝份加放与排料

四、缝制工艺流程

见图 5-46。

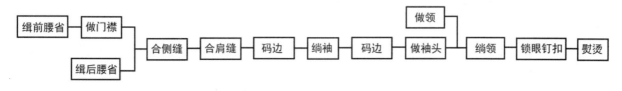

图 5-46 女衬衫缝制工艺流程

五、缝制过程

（一）黏衬、锁边

黏衬部位：挂面、衣领、袖头。

锁边部位：除女衬衫领、袖口、袖头外，其余位置均需锁边。

（二）缝制

（1）缝合前后腰省，首尾打倒针，并倒向前后中缝熨烫。见图5-47。

（2）将挂面向衣身反面按止口线扣烫。见图5-48。

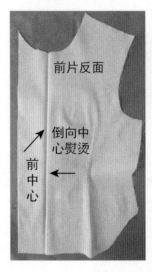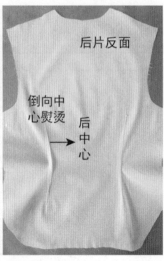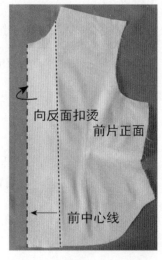

图5-47 女衬衫缝制步骤一　　　　　　　　图5-48 女衬衫缝制步骤二

（3）将衣身正面相对，缝合前后肩缝，缝份1cm，然后将双层一起锁边。见图5-49。

（4）扣烫袖衩条。袖衩条宽3.5cm。先将两侧毛边向反面扣进0.7cm，然后使正面向上，对折后熨烫。袖衩条下层比袖衩上层略多出0.1cm。见图5-50。

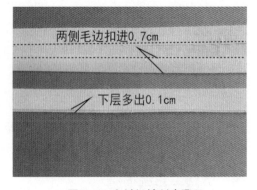

图5-49 女衬衫缝制步骤三　　　　　　　　图5-50 女衬衫缝制步骤四

（5）做袖开衩。见第四章中女衬衫袖开衩。将袖口褶裥及上层袖衩倒向后袖，以大针码固定并熨烫。见图5-51。

（6）绱袖。将衣片袖窿与袖片袖山正面相对并缝缉，缝份1cm；袖山中点与肩缝端点对齐并缝缉，然后进行双层锁边。见图5-52。

（7）合袖缝、侧缝。将衣身、袖片分别正面相对，缝缉袖缝和侧缝，缝份1cm，然后进行双层锁边，再将缝份倒向后袖与后片后熨烫。见图5-53。

（8）扣烫袖头。在袖头反面黏衬。将两侧毛边向反面扣进1cm后，向正面对折并熨烫。见图5-54。

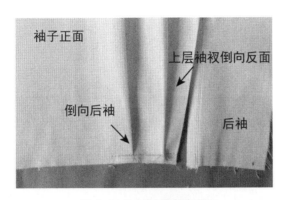

图 5-51 女衬衫缝制步骤五

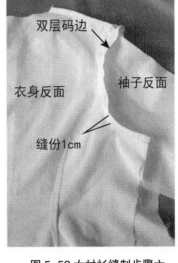

图 5-52 女衬衫缝制步骤六

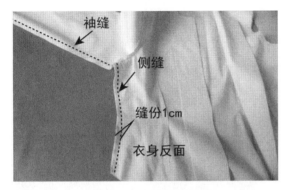

图 5-53 女衬衫缝制步骤七

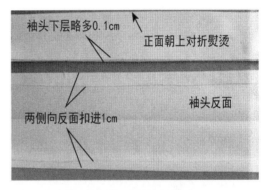

图 5-54 女衬衫缝制步骤八

（9）做袖头。将袖头两侧正面对齐，按袖口长净线封两侧袖口后，翻至正面后熨烫。见图 5-55。

（10）绱袖头。将袖身袖口夹在两层袖头中间，袖头略小一侧在上，然后夹缉袖口。见图 5-56。

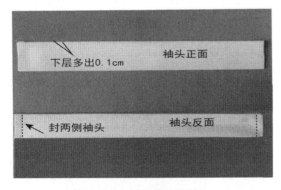

图 5-55 女衬衫缝制步骤九

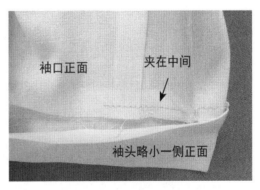

图 5-56 女衬衫缝制步骤十

（11）缉袖头明线。见图 5-57。

（12）做衬衫领。将翻领与底领正面相对，沿领外口缝缉，缝份 1cm，然后将领子翻至正面后熨烫，领面较底领三周略多出 0.1cm。见图 5-58。

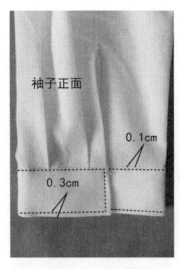

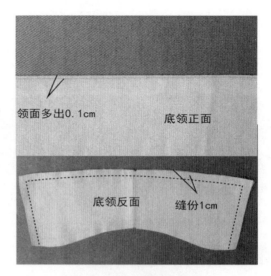

图 5-57 女衬衫缝制步骤十一　　　　　　图 5-58 女衬衫缝制步骤十二

（13）绱领。将底领与衣身领口位置正面相对，在左右前中心线之间缝缉，缝份 1cm。见图 5-59。

（14）将左右挂面翻至衣身反面后与缉好的领子、衣身领口一起缝合，缝份 1cm。见图 5-60。

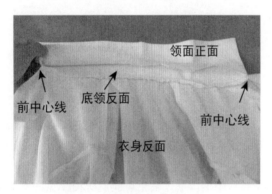

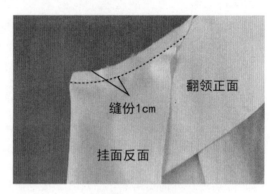

图 5-59 女衬衫缝制步骤十三　　　　　　图 5-60 女衬衫缝制步骤十四

（15）在两侧挂面端点，将四层面料一起开剪口，然后将缝份倒向两层领子中间，领面缝份按缉线扣净。见图 5-61。

（16）沿翻领扣烫好的位置缉距离 0.1cm 的明线。见图 5-62。

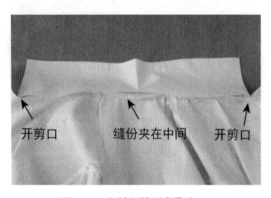

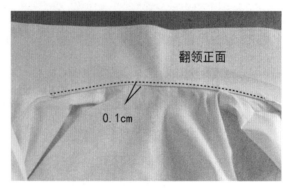

图 5-61 女衬衫缝制步骤十五　　　　　　图 5-62 女衬衫缝制步骤十六

（17）将挂面底摆位置沿前中心线向反面扣转，并按衣长净线缝缉。见图 5-63。

（18）将挂面底摆翻至正面后熨烫，然后将底摆缝份双层扣净并缉距离 0.7cm 的明线。见图 5-64。

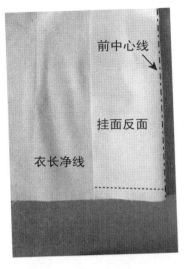

图 5-63 女衬衫缝制步骤十七

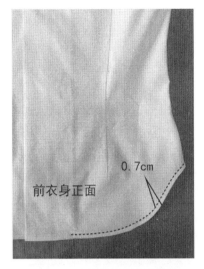

图 5-64 女衬衫缝制步骤十八

（19）锁眼、钉扣。见图 5-65。

（20）成品效果见图 5-66。

图 5-65 女衬衫缝制步骤十九

图 5-66 女衬衫成品效果

（三）整烫图

1. 整烫顺序（图 5-67）

衣领 → 袖克夫 → 袖缝 → 衣身 → 底摆 → 侧缝及肩缝

图 5-67 女衬衫整烫图

2. 整烫技术要领及要求

（1）熨烫时喷水，反面熨烫或根据面料质地加盖烫布。

（2）黏衬的部位如衣领、门襟等，要坚挺、伏贴。其中翻领要烫出窝势。

（3）应当烫实的部位如底摆等，要熨烫充分，有持久性。

（4）衣身表面无褶皱，无凹凸不平，无烫黄、变色、极光。

六 、质检要求

1. 女衬衫外型检验 (表 5-11)

表 5-11 女衬衫外型检验

序号	外型要求
1	门襟平挺，左右两边底摆外型一致，无搅豁
2	胸部挺满；省缝顺直，高低一致，省尖无泡形
3	不爬领、荡领，翘势应准确
4	前领丝缕正直，领面松紧适宜，左右两边丝缕须一致；领要伏贴、自然
5	两袖垂直，前后一致，长短相同；左右袖口大小一致，袖口宽窄要左右相同
6	袖窿圆顺，吃势均匀，前后无吊紧、曲皱
7	袖头平整、伏贴，不拧不皱
8	肩头宽窄要左右一致，肩头伏贴；肩缝顺直，吃势均匀
9	背部平服，背缝挺直，左右格条或丝缕须对齐
10	侧缝顺直、平服，松紧适宜
11	底摆平服、顺直，卷边宽窄一致

2. 女衬衫缝制检验 (表 5-12)

表 5-12 女衬衫缝制检验

序号	缝制要求
1	面料丝缕和倒顺毛原料顺向一致，图案花型配合相适宜
2	面料与黏合衬黏合不应脱胶、不渗胶，不引起面料变色、皱缩
3	钉扣平挺，结实牢固，不外露。纽扣与扣眼的位置、大小配合相适宜
4	机缝牢固、平整，宽窄适宜
5	各部位线路清晰、顺直，针迹密度一致，双明线间距相等
6	针迹密度：明线不少于 14 针 /3cm，暗线不少于 13 针 /3cm，手针缝不少于 7 针 /3cm，锁眼不少于 8 针 /1cm

3. 女衬衫规格检验 (表 5-13)

表 5-13 女衬衫规格检验

序号	测量部位	测量方法	极限偏差 (cm)
1	衣长（后身长）	沿后中线，由装领线量至底摆	±1.0
2	前身长	由前身装领线与肩缝交叉点，经胸部最高点量至底摆	±1.0

3	肩宽	由左肩端点沿后身量至右肩端点	±1.0
4	胸围	扣好纽扣，摊平前后身，沿袖窿底缝横量（周围计算）	±2.0
5	袖长	由肩端点沿袖外侧量至袖口边	±1.0
6	袖口围	沿袖口边缘围量一周	±1.0

4. 女衬衫对条对格检验（表 5-14)

表 5-14 女衬衫对条对格检验

序号	部位名称	对条对格互差 (cm)
1	左右前身	条料对条、格料对横，互差不大于 0.3
2	袖与前身	袖肘线以上与前身格料对横，两袖互差不大于 0.5
3	袖缝	袖肘线以下前后袖缝格料对横，互差不大于 0.3
4	背缝	条料对条、格料对横，互差不大于 0.2
5	背缝与后颈面	条料对条，互差不大于 0.2
6	领	领尖左右对称，互差不大于 0.2
7	侧缝	袖窿下 10cm 处，格料对横，互差不大于 0.3
8	袖	条格顺直，以袖山为准，两袖互差不大于 0.5

5. 女衬衫对称部位检验（表 5-15)

表 5-15 女衬衫对称部位检验

序号	对称部位	极限互差 (cm)
1	领尖大小	0.3
2	袖（左右、长短、大小）	0.5

参考文献

[1] 童敏 . 服装工艺缝制入门与制作实例 [M]. 北京：中国纺织出版社，2018.

[2] 徐利平 . 服装工艺设计实训教程 [M].2 版 . 北京：中国纺织出版社，2021.

[3] 刘锋 . 服装工艺设计与制作：基础篇 [M]. 北京：中国轻工业出版社，2019.

[4] 朱小珊，服装工艺基础 [M]. 北京：高等教育出版社，2007.

[5] 陈霞，张小良，等 . 服装生产工艺与流程 [M]. 北京：中国纺织出版社，2011.

[6] 闫学玲，吕经伟，于瑶 . 服装工艺 [M]. 北京：中国轻工业出版社，2011.

[7] 杨晓旗，范福军 . 新编服装材料学 [M]. 北京：中国纺织出版社，2012.

[8] 王鸿霖 . 服装质量管理 [M]. 北京：中国轻工业出版社，2022.